建筑工人岗位培训教材

通　风　工

本书编审委员会　编写
江东波　主编

中国建筑工业出版社

图书在版编目（CIP）数据

通风工/《通风工》编审委员会编写．—北京：中国建筑工业出版社，2018．6
建筑工人岗位培训教材
ISBN 978-7-112-22291-9

Ⅰ．①通… Ⅱ．①通… Ⅲ．①通风工程-岗位培训-教材 Ⅳ．①TU834

中国版本图书馆 CIP 数据核字（2018）第 118552 号

本书是根据《建筑工程安装职业技能标准》JGJ/T 306—2016 对工人的等级要求结合现行行业标准、规范、“四新技术”等内容，重点以中级工（四级）为主要培训对象，同时兼顾初级工（五级）、高级工（三级）的培训要求编写的通风工培训教材。书中重点突出通风工操作技能的训练要求，辅以适当的理论知识。文字通俗易懂、逻辑清晰、表述规范，图文并茂，适合现代工人培训及学习使用。

责任编辑：高延伟　李　明　李　慧
责任校对：焦　乐

建筑工人岗位培训教材
通　风　工
本书编审委员会　编写
江东波　主编
*
中国建筑工业出版社出版、发行（北京海淀三里河路 9 号）
各地新华书店、建筑书店经销
北京红光制版公司制版
北京建筑工业印刷厂印刷
*
开本：850×1168 毫米　1/32　印张：6½　字数：174 千字
2018 年 8 月第一版　　2018 年 8 月第一次印刷
定价：**20.00** 元
ISBN 978-7-112-22291-9
（32003）

建筑工人岗位培训教材
编审委员会

出 版 说 明

国家历来高度重视产业工人队伍建设，特别是党的十八大以来，为了适应产业结构转型升级，大力弘扬劳模精神和工匠精神，根据劳动者不同就业阶段特点，不断加强职业素质培养工作。为贯彻落实国务院印发的《关于推行终身职业技能培训制度的意见》（国发〔2018〕11号），住房和城乡建设部《关于加强建筑工人职业培训工作的指导意见》（建人〔2015〕43号），住房和城乡建设部颁发的《建筑工程施工职业技能标准》、《建筑工程安装职业技能标准》、《建筑装饰装修职业技能标准》等一系列职业技能标准，以规范、促进工人职业技能培训工作。本书编审委员会以《职业技能标准》为依据，组织全国相关专家编写了《建筑工人岗位培训教材》系列教材。

依据《职业技能标准》要求，职业技能等级由高到低分为：五级、四级、三级、二级、一级，分别对应初级工、中级工、高级工、技师、高级技师。本套教材内容覆盖了五级、四级、三级（初级、中级、高级）工人应掌握的知识和技能。二级、一级（技师、高级技师）工人培训可参考使用。

本系列教材内容以够用为度，贴近工程实践，重点突出了对操作技能的训练，力求做到文字通俗易懂、图文并茂。本套教材可供建筑工人开展职业技能培训使用，也可供相关职业院校实践教学使用。

为不断提高本套教材的编写质量，我们期待广大读者在使用后提出宝贵意见和建议，以便我们不断改进。

本书编审委员会

2018 年 6 月

前　言

为提高建筑工人职业技能水平，根据住房和城乡建设部发布的《建筑工程安装职业技能标准》JGJ/T 306—2016 和现行国家标准、规范，以加快培养具有熟练操作技能的技术工人，保证建筑工程质量和安全，促进广大建筑工人就业为目标，按照国家职业资格等级划分中的职业资格五级（初级工）、职业资格四级（中级工）、职业资格三级（高级工），结合建筑工人实际情况，以“职业资格四级（中级工）”为重点，为建筑业工人“量身订制”了本套培训教材。

本书内容不仅涵盖了先进、成熟实用的建筑工程施工技术，还包括了现代新材料、新技术、新工艺和环境、职业健康安全、节能环保等方面的知识，力求做到了技术内容最新、最实用，文字通俗易懂，语言生动，并辅以大量直观的图表，能满足不同文化层次的技术工人和读者的需要。

本书根据“通风工”工种职业操作技能，结合在建筑工程中实际的应用，针对建筑工程施工材料、机具、施工工艺、质量要求、安全操作技术等做了具体、详细的阐述。本书内容包括安全生产知识，通风与空调工程基本知识，通风工程材料，通风工程机具设备，通风管道及部件加工制作，风管系统安装，通风与空调系统安装，通风空调系统调试与质量验收。

本书对于正在从事建设工程施工的广大工人和技术人员都将具有很好的参考意义和帮助，不仅能够提高工人操作技能水平和职业安全水平，更对保证建筑工程施工质量，促进建筑安装工程施工新技术、新工艺、新材料的推广与应用都有很好的推动作用。

本书由安徽建工技师学院江东波、王海编写，全书由江东波统稿主编。在编写过程中，安徽省建设干部学校、安徽建工技师学院领导和继续教育处同仁给予了大力支持和帮助，同时，编者参考了大量相关教材，对这些资料的编作者，一并表示感谢！但由于编者专业水平和实践经验有限，因此书中难免有疏漏和不妥之处，诚恳地希望专家和广大读者批评指正。

目　　录

一、安全生产知识

（一）施工现场环境和安全管理

1. 施工现场管理的基本要求

（1）采用风险管理的理念，实行组织、识别、控制和信息反馈等各个环节的全方位、全过程的管理；

（2）坚持“安全第一、预防为主、综合治理”的方针；

（3）在管理实施中坚持“以人为本、风险化减、全员参与、管理者承诺、持续改进”的理念；

（4）把目标和承诺依靠组织结构体系分解成层层可操作的活动，并用书面文件说明操作的程序和预期的结果；

（5）制定的施工现场职业健康、安全和环境管理的计划，要经监理审核，并报业主确认后方可实施；

（6）项目经理是职业健康安全环境风险管理组的第一责任人。

2. 施工现场环境管理的要点

（1）水污染源

1）生活污水；

2）施工生产污水。

（2）气体污染源

1）电焊的烟气；

2）气焊、气割烟气；

3）施工产生的粉尘；

4）金属除锈的粉尘；

5）保温或保冷作业产生的纤维状粉尘；

6）施工用燃油机械的尾气等。

（3）噪声污染源

施工机械的噪声：含空压机、风机、电锯等。

（4）光污染源

1）电焊的弧光；

2）夜间施工的强光照明。

（5）固体废弃物污染源

主要指施工中产生的肥料或不能再用的零料等。

3. 施工现场安全管理的重点

（1）施工现场的平面布置

1）易燃易爆的油料和油漆仓库的设置应符合规定要求，并有明显标识；

2）氧气、乙炔瓶等气瓶存贮位置应符合相关规定；

3）现场加工场地的机床或加工机械布置要有规定的安全距离，并留有检修维护空间；

4）配置必要的消防设施，保持其器材处于完好状态；

5）施工用电的布设要符合相关规范的规定。

（2）施工作业的安全管理重点

1）高空作业

要从作业人员的身体健康状况和配备必要的防护设施两方面入手加强安全管理。

2）施工机械机具的操作

要从保持机械、机具的完好状态，完备的操作使用规程，需持证上岗的人员三方面入手加强安全管理。

3）起重吊装作业

要从起重吊装机械及索具的合格判定、施工方案的审定和特种作业人员持证上岗入手加强安全管理。

4）动火作业

要从保持消防设施完好、办理动火证制度、易燃易爆场所动火作业有人监护等入手加强安全管理。

5）在容器内作业

要从加强通风、进入容器前先分析容器内气体、作业照明用安全电压、焊接或气割有专人监护等各方面入手加强安全管理。

6）带电调试作业

要从严格执行操作规程和配备必要的个人安全防护用具、有明确的作业指导书和负责的监护行为等入手加强安全管理。

7）无损探伤作业

要从坚持作业人员持证上岗、作业时间安排、作业区域标识清楚等方面入手加强安全管理。

8）管道、设备的试压、冲洗、消毒作业

要从完善施工方案、危险区域标识清楚、指示仪表正确有效、个人防护用品齐全等方面入手加强安全管理。

9）单机试运转和联动试运转

要从完善试运转方案、做到明确分工、有应急预案等方面入手加强安全管理。

（二）文明施工

文明施工要求

（1）现场道路的设置

1）场区道路设置人行通道，且有标识；

2）消防通道形成环形，宽度不小于3.5m；

3）临街处设立围挡；

4）所有临时楼梯有扶手和安全护栏；

5）所有设备吊装区设立警戒线，且标识清晰。

（2）材料管理

1）库房内材料要分类码放整齐，限宽限高，上架入箱，标识齐全；

2）库房应保持干燥清洁，通风良好；

3）易燃易爆及有毒有害物品仓库按规定距离单独设立，且远离生活区和施工区，有专人保管；

4）材料堆场场地平整，尽可能做硬化处理，排水通畅，堆场清洁卫生，方便车辆运输；

5）配有消防器材。

（3）施工机具管理

1）手动施工机具和较大的施工机械出库前保养完好并分类整齐排放在室内；

2）机动车辆应停放在规划的停车场内，不应挤占施工通道；

3）所有施工机械要按规定定期维修保养，保持性能处于完好状态，且外观整洁。

（4）场容管理

1）建立文明施工责任制，划分区域，明确管理负责人；

2）施工地点和周围清洁整齐，做到随时清理、工完场清；

3）严格执行成品保护措施；

4）施工现场不随意堆垃圾，要按规划地点分类堆放，定期清理，并按规定分类处理。

（5）规范施工人员行为

主要是制定措施、规范施工人员的语言及行为、提高自身素质、构建内部和谐气氛、提高对外沟通水平和质量，以达到提升施工单位外在形象的目的。

二、通风与空调工程基本知识

（一）识 图 知 识

1. 识图基本方法

通风空调管道和设备布置平面图、剖面图应以直接正投影法绘制。管道系统图的基本要求应与平面图、剖面图相对应，如采用轴测投影法绘制，宜采用与相应的平面图一致的比例，按正等轴测或正面斜二轴测的投影规则绘制。原理图（即流程图）不按比例和投影规则绘制，其基本要求是应与平面图、剖面图及管道系统图相对应。

通风与空调施工图依次包括图纸目录、选用图集（纸）目录、设计施工说明、图例、设备及主要材料表、总图、工艺（原理）图、系统图、平面图、剖面图、详图等。

设备表一般包括序号、设备名称、技术要求、数量、备注栏。

材料表一般包括序号、材料名称、规格或物理性能、数量、单位、备注栏；设备部件需标明其型号、性能时，可用明细栏表示。

通风与空调图样包括平面图、剖面图、详图、系统图和原理图。通风与空调平面图应按本层平顶以下俯视绘出，剖面图应在其平面图上选择能反映该系统全貌的部位直立剖切。通风与空调剖面图剖切的视向宜向上、向左。平面图、剖面图应绘出建筑轮廓线，标出定位轴线编号、房间名称，以及与通风空调系统有关的门、窗、梁、柱、平台等建筑构配件。

平面图、剖面图中的风管宜用双线绘制，以便增加直观感。风管的法兰盘可用单线绘制。平面图、剖面图中的各设备、部件等宜标注编号。通风与空调系统如需编号时，宜用系统名称的汉语拼音字头加阿拉伯数字进行编号。如：送风系统 S-1、S-2 等，排风系统 P-1、P-2 等。设备的安装图应由平面图、剖面图、局部详图等组成，图中各细部尺寸应注清楚，设备、部件均应标注编号。

通风与空调系统图是施工图的重要组成部分，也是区别于建筑、结构施工图的一个主要特点。它可以形象地表达出通风与空调系统在空间的前后、左右、上下的走向，以突出系统的立体感。为使图样简洁，系统图中的风管宜按比例以单线绘制。对系统的主要设备、部件应注出编号，对各设备、部件、管道及配件要表示出它们的完整内容。系统图宜注明管径、标高，其标注方法应与平面图、剖面图一致。图中的土建标高线，除注明其标高外，还应加文字说明。

当一个工程设计中同时有供暖、通风与空调等两个以上不同系统时，应进行系统编号。系统代号、编号和立管的画法见图 2-1 和图 2-2。

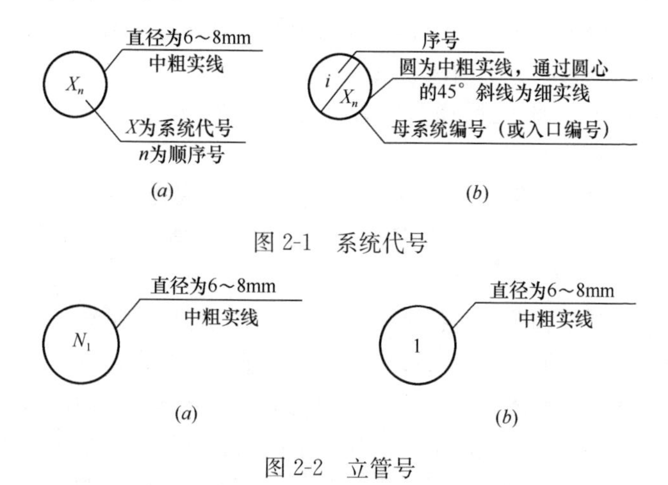

图 2-1　系统代号

图 2-2　立管号

2. 通风空调施工图识图

（1）设计说明

1）建筑物概况，如建筑物的面积、高度及使用功能等。

2）设计标准，如室外气象参数，夏季和冬季的温度、湿度、风速，各空调房间（客房、办公室、餐厅、商场等）夏季和冬季的设计温度、湿度、新风量要求和噪声标准等。

3）空调系统，如整幢建筑物的空调方式和建筑物内各空调房间所采用的空气调节设备。

4）空调系统设备安装要求，如风机盘管、柜式空调器及通风机等提出的具体安装要求。

5）空调系统一般技术要求，如风管使用的材料、保温和安装的要求。

6）空调水系统，如空调水系统的形式，所采用的管材及保温措施，系统试压和排污情况。

7）机械送排风，如建筑物内各空调房间、设备层、车库、消防前室、走廊的送排风设计参数、要求和标准。

8）空调冷冻机房所采用的冷冻机、冷冻水泵及冷却水泵的安装要求。

9）质量验收标准和规范等。

（2）通风与空调平面图、剖面图

要表示出各层、各空调房间的通风与空调系统的风道及设备布置，给出进风管、排风管、冷冻水管、冷却水管和风机盘管的平面位置。

对于在平面图上难以表达清楚的风道和设备，应加绘剖面图。剖面图的选择要能反映该风道和设备的全貌，并给出设备、管道中心（或管底）标高和注出距该层地面的尺寸。

（3）通风与空调系统图

系统图与平面图相配合可以说明通风与空调系统的全貌，表示出风管的上、下楼层间的关系，风管中干管、支管、进（出）风口及阀门的位置关系，风管的管径、标高也能得到反映。

（4）送、排风原理图

对通风与空调工程中的送风、排风、消防正压送风、排烟等流程作出表示。

(5) 空调冷冻水及冷却水系统工艺流程图

在空调工程中，风与水两个体系是紧密联系，缺一不可，但又相互独立的。所以，在施工图中要将冷冻水及冷却水的流程详尽绘出，使施工人员对整个水系统有全面的了解。

需要注意的是，冷冻水和冷却水流程图和送、排风示意图均是无比例要求的，也不按投影规则绘制。

(6) 冷冻机房布置

冷水机组、水泵、水池、电气控制柜等的平面与空间安装位置。

(7) 设备材料表

列出本通风与空调工程主要设备以及材料的型号、规格、性能和数量。

(8) 局部详图

通常可采用国家或地区的标准图。无标准图或本工程有特殊要求的，须由设计人员提供详图。

在识读通风与空调施工图时，首先必须看懂设计安装说明，从而对整个工程建立一个全面的概念。接着识读冷冻水和冷却水流程图以及送、排风示意图。流程图和示意图反映了空调系统中两种工质的工艺流程。领会了其工艺流程后，再识读各楼层、各空调房间的平面图就比较清楚了。局部详图则是对平面图上无法表达清楚的部分作出补充。

识读过程中，除要领会通风与空调施工图外，还应了解与土建图纸的地沟、孔洞、竖井、预埋件的位置是否相符，与其他专业（如水、电）图纸的管道布置有无碰撞，发现问题应及时同相关人员协商解决。

3. 建筑通风与防排烟施工图实例

某住宅通风与防排烟施工图见表 2-1、表 2-2、图 2-3～图 2-6。

风管及附件图例　　表 2-1

图例	名称	图例	名称
	风管		手动对开式多叶调节阀
	混凝土或砖砌风道		防火（调节）阀
	异径风管		排烟阀
	方接圆		止回阀
	柔性风道		送风口
	带导流片弯头		排风口
	消声弯头		片式消声器
	消声静压箱		混流风机

防火阀图例　　表 2-2

名称		编写代号	功能
防火类	防火调节阀	FV	平时常开，70℃自动关闭，手动可调，手动复位
防火类	防火调节阀	FD	平时常开，70℃自动关闭，手动可调，输出信号，手动复位
防火类	防火调节阀	FVH	平时常开，280℃自动关闭，手动可调，手动复位
防火类	防火调节阀	FDH	平时常开，280℃自动关闭，手动可调，输出信号，手动复位
排烟类	排烟防火阀	PF	平时常闭，DC24V 电动和手动开启，280℃自动关闭，输出信号

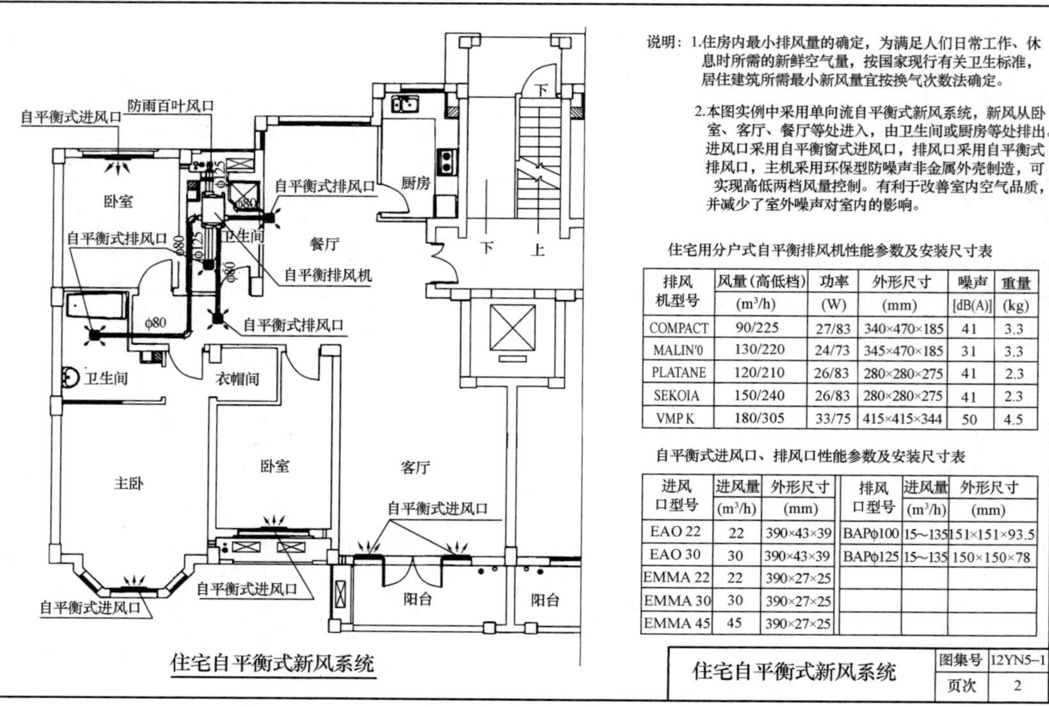

说明：1.住房内最小排风量的确定，为满足人们日常工作、休息时所需的新鲜空气量，按国家现行有关卫生标准，居住建筑所需最小新风量宜按换气次数法确定。

2.本图实例中采用单向流自平衡式新风系统，新风从卧室、客厅、餐厅等处进入，由卫生间或厨房等处排出。进风口采用自平衡窗式进风口，排风口采用自平衡式排风口，主机采用环保型防噪声非金属外壳制造，可实现高低两档风量控制。有利于改善室内空气品质，并减少了室外噪声对室内的影响。

住宅用分户式自平衡排风机性能参数及安装尺寸表

排风机型号	风量(高低档) (m^3/h)	功率 (W)	外形尺寸 (mm)	噪声 [dB(A)]	重量 (kg)
COMPACT	90/225	27/83	340×470×185	41	3.3
MALIN'0	130/220	24/73	345×470×185	31	3.3
PLATANE	120/210	26/83	280×280×275	41	2.3
SEKOIA	150/240	26/83	280×280×275	41	2.3
VMP K	180/305	33/75	415×415×344	50	4.5

自平衡式进风口、排风口性能参数及安装尺寸表

进风口型号	进风量 (m^3/h)	外形尺寸 (mm)	排风口型号	进风量 (m^3/h)	外形尺寸 (mm)
EAO 22	22	390×43×39	BAPφ100	15~135	151×151×93.5
EAO 30	30	390×43×39	BAPφ125	15~135	150×150×78
EMMA 22	22	390×27×25			
EMMA 30	30	390×27×25			
EMMA 45	45	390×27×25			

住宅自平衡式新风系统	图集号	12YN5–1
	页次	2

图 2-3　新风系统图

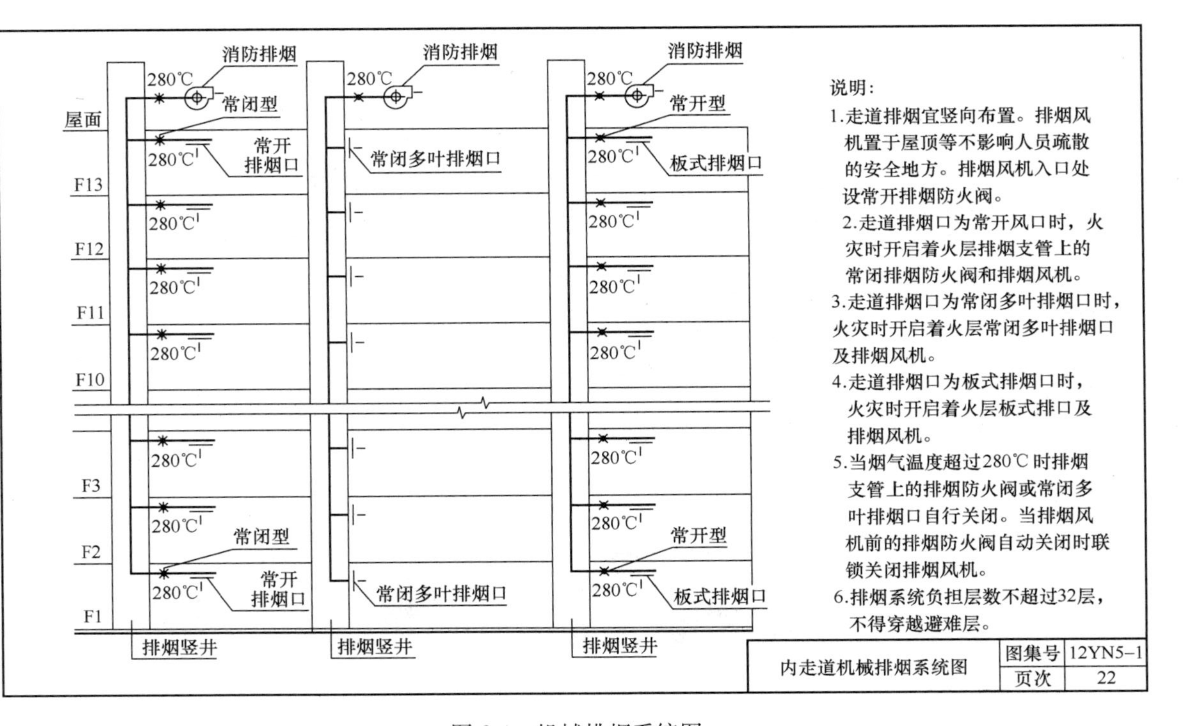
消防排烟
280℃
常闭型
屋面
常开
排烟口
280℃
F13
F12
F11
F10
F3
F2
F1
常闭多叶排烟口
常开型
板式排烟口
排烟竖井
说明:
1.走道排烟宜竖向布置。排烟风机置于屋顶等不影响人员疏散的安全地方。排烟风机入口处设常开排烟防火阀。
2.走道排烟口为常开风口时，火灾时开启着火层排烟支管上的常闭排烟防火阀和排烟风机。
3.走道排烟口为常闭多叶排烟口时，火灾时开启着火层常闭多叶排烟口及排烟风机。
4.走道排烟口为板式排烟口时，火灾时开启着火层板式排口及排烟风机。
5.当烟气温度超过280℃时排烟支管上的排烟防火阀或常闭多叶排烟口自行关闭。当排烟风机前的排烟防火阀自动关闭时联锁关闭排烟风机。
6.排烟系统负担层数不超过32层，不得穿越避难层。
内走道机械排烟系统图
图集号 12YN5-1
页次 22

图 2-4　机械排烟系统图

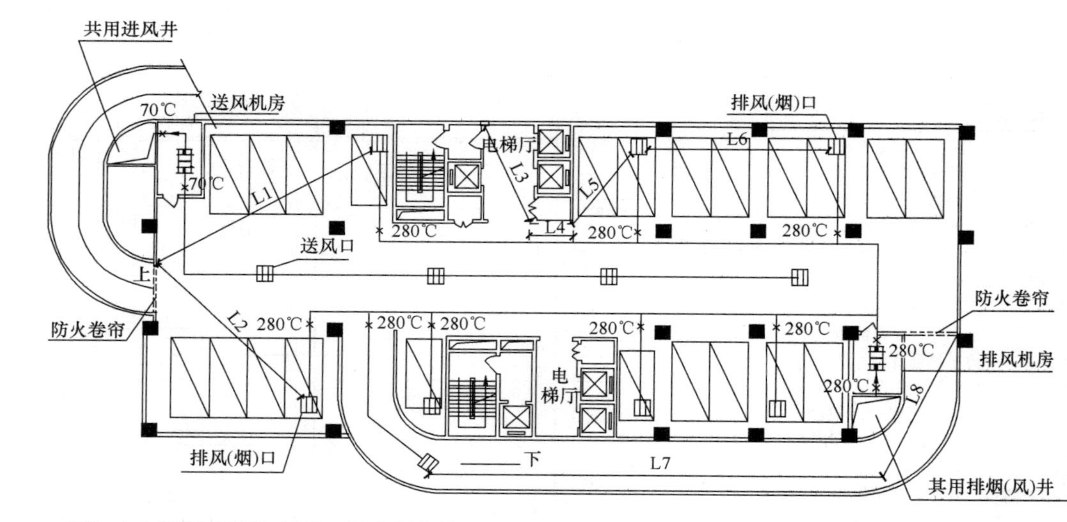

说明：1.本车库为多层地下车库，共用通风竖井。

2.双层停放的汽车库排风宜按每辆车所需排风量计算，按照汽车出入频率，频率一般时每辆车风量为400m³/h。机械进风量为排烟量的80%~90%。

3.排烟与平时排风系统合用，在排风机房设一台双速排烟风机。高速运行满足最大风量要求，平时在车辆少的情况下可以开启风机低速运行，在火灾时开启风机高速运行，送风机可为单速或双速风机，根据送风量与补风量相互关系协调确定。

4.图中排烟口到本防烟分区内最远点的水平距离均不大于30m; L1,L2≤30m; L3+L4+L5≤30m; L6≤60m,L7+L8≤30m。

图 2-5　地下车库机械排烟系统平面图

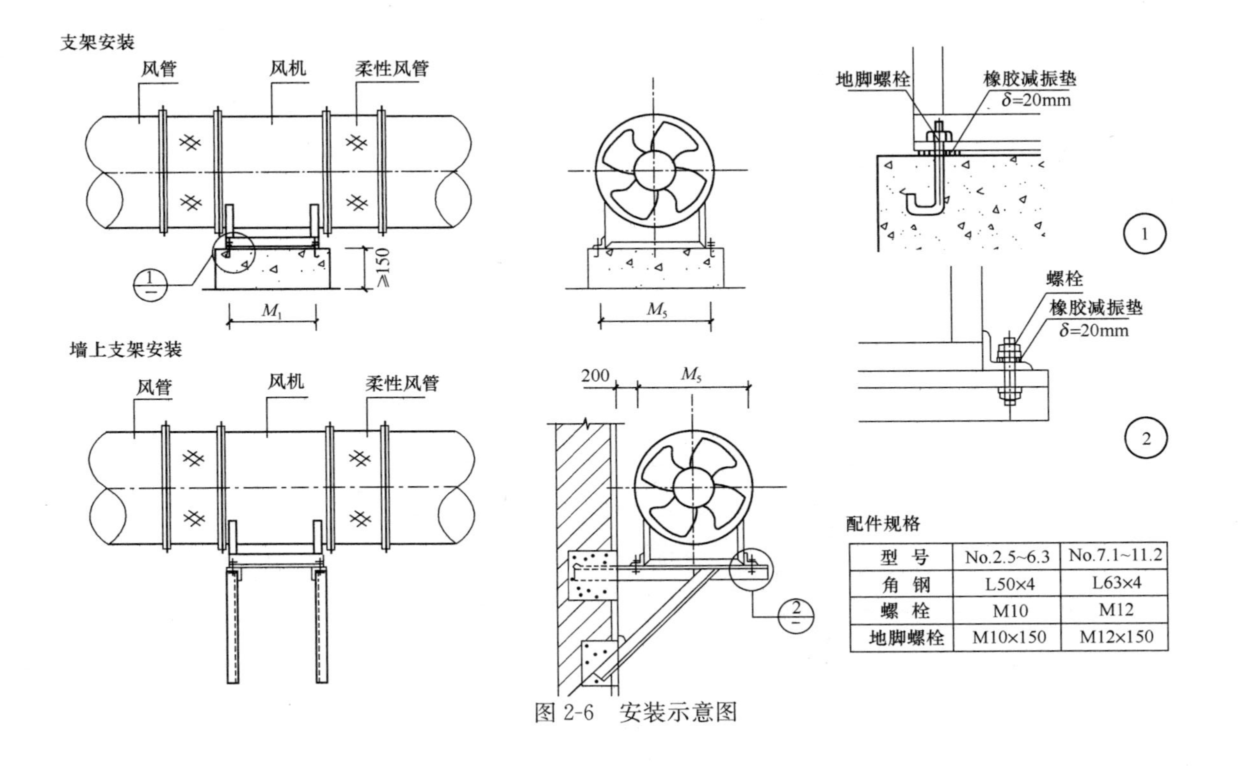

配件规格

型　号	No.2.5~6.3	No.7.1~11.2
角　钢	L50×4	L63×4
螺　栓	M10	M12
地脚螺栓	M10×150	M12×150

图 2-6　安装示意图

（二）通风与空调系统

1. 通风系统

通风系统按其作用范围可分为全面通风、局部通风、混合通风等形式，也可以按其工艺要求分为送风系统、排风系统、除尘系统等。

送风系统是用来向室内输送新鲜的或经过处理的空气。其工作流程为室外空气由可挡住室外杂物的百叶窗进入进气室；经保温阀至过滤器，由过滤器除掉空气中的灰尘；再经空气加热器将空气加热到所需的温度后被吸入通风器，经风量调节阀、风管，由送风口送入室内。

排风系统是将室内产生的污浊、高温干燥空气排到室外大气中。其主要工作流程为污浊空气由室内的排气罩被吸入风管后，再经通风机排到室外的风帽而进入大气。

如果预排放的污浊空气中有害物质的排放标准超过国家制定的排放标准时，则必须经中和及吸收处理，使排放浓度低于排放标准后，再排到大气中。

除尘系统通常用于生产车间，其主要作用时将车间内含大量工业粉尘和微粒的空气进行收集处理，有效降低工业粉尘和微粒的含量，以达到排放标准。其工作流程主要是通过车间内的吸尘罩将含尘空气吸入，经风管进入除尘器除尘，随后通过风机送至室外风帽而排入大气。

2. 空气调节系统

空气调节系统是为保证室内空气的温度、湿度、风速及洁净度保持在一定范围内，并且不因室外气候条件和室内各种条件的变化而受影响。

空气调节系统根据不同的使用要求，可分为恒温恒湿空调系统、舒适性空调系统和除湿性空调系统。空调系统根据空气处理设备设置的集中程度可分为集中式空调系统、局部式空调系统、混合式空调系统三类。

集中式空调系统是将处理空气的空调器集中安装在专用的机房内，空气加热、冷却、加湿、除湿用的冷源和热源，由专用的冷冻站和锅炉房供给。多适用于大型空调系统。

局部式空调系统是将处理空气的冷源，空气加热加湿设备，风机和自动控制设备均组装在一个机箱内，可就近安装在空调房间，就地对空气进行处理，多用于空调房间布局分散的小面积的空调工程。

混合式空调系统有诱导式空调系统和风机盘管式空调系统两类，均由集中式和局部式空调系统组成。诱导式空调系统多用于建筑空间不大且装饰要求较高的旧建筑、地下建筑、舰船、客机等场所。风机盘管空调系统多用于新建的高层建筑和需要增设空调的小面积、多房间的旧建筑等。

（三）空气处理与制冷技术

1. 空气处理

通风工程中不管是哪种类别的系统，对室内输入的空气或由室内排出的空气，一般都需要不同程度的处理，按工艺的需要可对空气进行净化、加热、冷却、加湿、减湿、除尘及空气中有毒害物质中和处理等。

（1）空气的加热和冷却

在通风系统中，当室外气温较低时，就需要对送入室内的空气进行加热。在空调房间系统中，为保证空调房间的温、湿度在给定范围内变化，不仅在冬季应对送入房间内的空气进行加热，即使在夏季有时也需少许加热。加热方法很多，一般可用蒸汽和热水做热媒的空气加热器加热，也可用电加热器进行加热。

在夏季由于室外空气温度较高，对于空调系统，为保证空调房间温、湿度达到给定的范围，空气在送入室内以前必须冷却。空气可通过和空气加热器相似的表面冷却器进行冷却。用冷冻水做冷媒的表面冷却器，叫水冷式表面冷却器。用制冷剂（如氟利昂）做冷媒的，叫作直接蒸发式表面冷却器。

冷却空气还可以用冷冻水在喷雾器中喷成水雾，当热空气通过时和冷冻水接触进行热湿交换，使空气温度降低。

（2）空气的加湿和减湿

空调系统在冬季工况运行时，室外空气温度低、含湿量小，只将空气加热送入空调房间，其相对湿度很低，满足不了生产工艺或卫生条件的要求，就得对空气进行加湿。而在夏季工况则室外空气温度高、含湿量大，只对空气进行冷却，相对湿度太高，同样满足不了生产工艺和卫生条件的要求，空气需要进行减湿处理。

（3）空气的净化

在通风和空气调节系统中，为了保证室内空气的洁净，以满足空调房间或生产工艺要求，送入室内的新风或回风按房间的要求进行适当的净化，这种设备叫作“空气过滤器”。空气过滤器按其过滤的效率可分为粗效过滤器、中效过滤器、高中效过滤器、亚高效过滤器和高效过滤器，以除掉空气介质中悬浮的尘埃微粒，不同的过滤效率的过滤器有不同的用途。对于一般空气调节系统仅用粗效过滤器，而空气洁净系统除粗效过滤器外，还要根据洁净度的要求采用中效和高效过滤器。

（4）空气的除尘

在除尘系统中，除尘是用于排除生产设备产生的灰尘，使生产场所或室外环境的灰尘浓度值保持在允许的范围内。它将含有大量灰尘的空气排除前，先对空气进行一定的净化处理，再排入大气，以免污染周围空气，影响环境卫生，危害附近居民的健康，有时还将回收的废料加以综合利用，这种能够除尘的设备叫作除尘器。

常用的除尘器有旋风除尘器、袋式除尘器、旋筒式水膜除尘器和水浴除尘器等。

2. 空调制冷

在空气调节系统中制冷装置是对空气进行冷却、除湿所必备的设备。空调制冷技术属于普通制冷范围，主要采用液体气化制冷，其中包括蒸汽压缩式制冷、吸收式制冷及蒸汽喷射式制冷。经常采用的是蒸汽压缩式制冷。

（1）压缩式制冷工作原理

1）压缩制冷的工作过程

① 低压液体制冷剂在蒸发器内的汽化过程，是从低温物体（冷冻水的回水或周围空气）中夺取热量的过程，在压力不变条件下制冷剂的状态由液体变为气体。

② 吸取了热量的低压制冷剂气体被压缩机吸入，在压缩的过程中，制冷剂的压力和温度升高，为实现制冷循环所必需的消耗外界能量（如电能）的补偿过程。

③ 高压高温的制冷剂气体在冷凝器内冷凝过程，它将从低温物体中夺取的热量，连同压缩机所消耗的功转化成的热量一起，全部地由冷却水（或空气）带走，而本身在定压下由气体重新凝结成液体。

④ 高压的液体制冷剂经膨胀阀节流后，其压力和温度都要降低，节流过程是为制冷剂液体在蒸发器内汽化创造条件。

2）制冷剂和冷媒

① 制冷剂：空调制冷装置，广泛采用的制冷剂有氨和氟利昂。

② 冷媒：冷媒是将制冷装置中产生的冷量传递给被冷却物体的物质。在空调中的冷媒是空气和冷冻水。如果要制取0℃以下的冷量时，一般用盐水作为冷媒。

（2）溴化锂吸收式制冷工作原理

溴化锂吸收式制冷装置，采用溴化锂水溶液作为工质，其中以水为制冷剂，溴化锂溶液为吸收剂，能制取0℃以上的冷冻水，供空调系统的冷却需要。

溴化锂吸收式制冷装置是利用溴化锂水溶液在常温下（特别

是在温度较低时）吸收水蒸气的能力很强，而在高温下又能将所吸收的水分释放出来的特性，以及利用制冷剂（水）在低压下汽化时要吸收周围介质的热量的特性来实现制冷的目的。

（3）冷却水系统

冷凝器冷却水系统，根据工程特点和自然条件，可分为直流式冷却水系统、混合式冷却水系统及循环冷却水系统等三种形式。

1）直流式冷却水系统是直流供水系统，将自来水或井水、河水直接打入冷凝器，温升后的冷却水直接排出，不再重复使用。

2）混合式冷却水系统，是将通过冷凝器的一部分冷却水，与深井水混合。用水泵压送至冷凝器使用。

3）循环式冷却水系统，是将来自冷凝器的开温冷却水先送入蒸发式冷却装置，使其冷却降温，再用水泵送至冷凝器循环使用，只需要补充少量水。

（4）冷冻水系统

根据空调系统的空气处理过程，制冷系统向空调系统供应冷量有两种方式。即直接供冷和间接供冷。

1）直接供冷是将空调器中的表面冷却器作为制冷装置的蒸发器，使低压液态制冷剂直接吸收空调器中被处理的空气热量。

2）间接供冷是用制冷装置的蒸发器吸收空调器中表面冷却器或喷淋循环水的热量，所用的循环水称为冷冻水，水温由设计要求而定，一般为5～10℃。

三、通风工程材料

（一）风 管 材 料

1. 金属板材

（1）薄钢板

薄钢板是制作通风管道和部件的主要材料，一般常用的有普通薄钢板和镀锌钢板。其规格以短边、长边和厚度来表示，常用的薄板厚度为0.5～4mm，规格为900mm×1800mm和1000mm×2000mm。

制作风管及风管配件用的薄钢板要求表面平、整光滑，厚度均匀，没有裂纹和结疤，应妥善保管，防止生锈。

1）普通薄钢板。普通薄钢板有板材和卷材2种，这类钢板属乙类钢，是钢号为Q235B的冷、热轧钢板，它有较好的加工性能和较高的机械强度价格，价格便宜。

2）镀锌钢板。镀锌钢板厚度一般为0.5～1.5mm，长宽尺寸与普通薄钢板相同，镀锌钢板表面有保护层，可防腐蚀，一般不需刷漆。对该类钢板的要求是表面光滑干净，镀锌层厚度应不小于0.02mm。多用于防酸、防潮湿的风管系统，效果比较好。

（2）不锈钢板和铝板

1）不锈钢板

① 有较高的塑性、韧性和机械强度，耐腐蚀，是一种不锈合金钢，常用在化工业耐腐蚀的风管系统中。

② 不锈钢中主要元素是铬，化学稳定性高。在表面形成钝化膜，保护钢板不氧化，并增加其耐腐蚀能力。

③ 不锈钢在冷加工时易弯曲，锤击时会引起内应力，出现

不均匀变形。这样，韧性降低，强度加大，变得脆硬。

④ 不锈钢加热到 450～850℃，再缓慢冷却后，钢质变坏、硬化，出现裂纹。

2）铝板

①铝板有纯铝板和合金铝板，主要用在化工工业通风工程中。

②铝板色泽美观，密度小，有良好的塑性，耐酸性较强，但易被盐酸和碱类腐蚀，有较好的抗化学腐蚀的性能。

③ 合金铝板机械强度较高，抗腐蚀能力较差。通风工程用铝板多数为纯铝板和经退火处理过的合金铝板。

④ 由于铝板质软，碰撞不出现火花，因此，多用作有防爆要求的通风管道。

（3）塑料复合钢板

在普通钢板上面粘贴或喷一层塑料薄膜，就成为塑料复合钢板。其特点是耐腐蚀，弯折、咬口、钻孔等加工性能也好。塑料复合钢板常用于空气洁净系统及温度在－10～70℃范围内的通风与空调系统。

塑料复合钢板规格有：450mm × 1800mm、500mm × 2000mm，厚度 0.35～0.7mm；1000mm×2000mm，厚度 0.8～2.0mm 等。

2. 非金属板材

（1）聚氯乙烯塑料板

1）耐腐蚀性好，一般情况下与酸、碱和盐类均不产生化学反应，但在浓硝酸、发烟硫酸和芳香碳氢化合物的作用下，表现出不稳定性。

2）强度较高，弹性较好，热稳定性较差。高温时强度下降，低温时变脆易裂。当加热到 100～150℃时，呈柔软状态 190～200℃时，在较小的压力下，能使其相互粘合在一起。

3）由于板材纵向和横向性能不同，内部存在残余应力，在制作风管和部件时，要进行加热和冷却，使其产生收缩，一般纵横向收缩率分别为3%～4%和1.5%～2%。

4）聚氯乙烯塑料板的密度为1350～1450kg/m^3。在通风与空调工程中，这种板材多用作输送含酸、碱、盐等腐蚀性气体的管道和部件，也使用在洁净空调系统中。

5）对塑料板的要求，表面要平整、厚薄均匀，无气泡、裂缝和离层等缺陷。

3. 玻璃钢板

（1）在通风工程中，常用的玻璃钢风管不是由玻璃钢板加工制作而成的，而是用木板或薄钢板作模具手工制作而成的。

（2）操作时，先在模具的外表面包上一层透明的玻璃纸，并在其外满涂已调好的树脂，再敷上一层玻璃布，每涂一层树脂便敷一层玻璃布，布的搭头要错开，并要刮平，最外面一层玻璃布的表面还应涂以薄层树脂。

（3）风管与法兰是成一体的，法兰应提前做好，在涂敷树脂过程中放入和风管一同粘贴。整节风管经过一段时间的固化达到一定程度后方可脱模。

（4）制作玻璃钢风管和管件所用的合成树脂，应按设计要求的耐酸、耐碱、自熄性能来选用。合成树脂中填料的含量，应符合技术文件中的要求。

（5）玻璃布的含量与规格应符合设计要求，玻璃布应保持干燥、清洁，不得含蜡。玻璃布的铺置、接缝应错开，无重叠现象，玻璃钢的壁厚应符合表3-1的规定。

玻璃钢风管的壁厚（单位：mm） **表3-1**

圆形风管直径或矩形风管大边长	壁厚
≤200	1.0～1.5
250～400	1.5～2.0
500～630	2.0～2.5
800～1000	2.5～3.0
1250～2000	3.0～3.5

(6) 保温玻璃钢分管可将壁制成夹层，夹层材料可采用岩棉、聚苯乙烯、聚氨酯泡沫塑料、蜂窝纸等保温材料，夹层厚度和材质应按工程需要选定。

(7) 玻璃钢风管及配件，内表面应平整光滑，外表面应整齐美观，厚度均匀，边缘无毛刺，不得有气泡、分层现象，树脂固化度应达到90%以上。

(8) 法兰与风管或配件应成一体，并与风管垂直，法兰平面的不平度允许偏差不应大于2mm。

(二) 消声与保温材料

1. 消声器的种类

消声器的种类繁多，根据不同的消声原理，有各种不同的结构形式，常用的消声器有：阻性消声器、抗性消声器、共振性消声器和宽频带复合式消声器。

(1) 阻性消声器

阻性消声器是利用吸声材料消耗声能降低噪声的，它对中高频噪声具有较好的消声效果，在这种消声的管道内壁固定着多孔消声材料。由于消声材料的多孔性和松散性，当声波进入孔隙时，引起孔隙中的空气和材料产生微小振动，由于摩擦和黏滞阻力，使相当一部分声能转化为热能而被吸收掉。

(2) 抗性消声器

抗性消声器是对低频噪声的消声效果较好，它主要是利用截面的突变。当声波通过突然变化的截面时，由于截面膨胀或缩小，部分声波发生反射，声能在腔室内来回反射，以至衰减。

(3) 共振性消声器

共振性消声器室利用一定空间内的空气和其他物体组成一个共振系统，当外来声波的某种频率与共振系统的固有频率相同时，引起气体的运动，发生共振，使声能转化为热能而消耗掉，共振性消声器可用于消除噪声的低频部分。共振性消声器有薄板共振吸声、单个孔腔共振吸声和穿孔板共振吸声三种结构形式。

(4) 宽频带复合式消声器

宽频带复合式消声器又叫阻抗复合式消声器，它吸收了阻性消声器和抗性消声器的优点，利用吸声片和管道截面的突变来达到降低噪声的目的，对低、中、高频噪声都有很好的消声效果。

2. 主要的消声材料

通风空调工程中的主要消声材料有玻璃棉、矿渣棉、玻璃纤维板、聚氨酯泡沫塑料等。

消声材料的性能不仅与材料品种有关，还与材料的容重、厚度等有关。消声材料应具有防火、防腐、防潮、耐用和方便施工等性能。

(1) 玻璃棉

玻璃棉具有密度小，吸声、抗震性能好，富有弹性，不燃、不霉、不蛀、不腐蚀等优点。用它作为消声器填充料，不会因振动而产生收缩、沉积，以致上部脱空等影响吸声性能的现象。它的产品中以无碱超细玻璃棉性能最佳，纤维直径小于4mm，质软，对人体无刺激，其密度小于1.5kg/m^3，吸湿率为0.2%，所以是最理想的吸声填充材料。

(2) 矿棉

矿棉是以矿渣或岩石为主要原料制成的一种棉状短纤维。以矿渣为主要原料的称为矿渣棉，以岩石为主要原料的称为岩棉，矿棉是两者的通称。矿棉具有质轻、不燃、不腐、吸声性能优良等优点，其缺点是整体性差、易沉积、对人体皮肤有刺激性。

(3) 玻璃纤维板

玻璃纤维板吸声性能比超细玻璃棉差一些，但防潮性能好，因施工操作时有刺手感，故一般不常采用。

(4) 聚氨酯泡沫塑料

聚氨酯泡沫塑料是以聚醚树脂与多亚甲基多苯基多异氰酸脂为反应的主要原料，再加入胶连剂、催化剂、表面活性剂和发泡剂等经过发泡反应而制得的新型合成材料，按其软硬程度分为软质和硬质两种。硬质聚氨酯泡沫时开孔结构，富有弹性，是较理想的过滤防振、吸声材料。在通风空调工程中被采用时，应具备自熄性（所谓自熄性即加有阻燃剂，使其离开火源后1～2秒内自行熄灭）。

3. 管道保温材料

（1）常用管道保温材料及性能

在通风空调系统中，为了控制一定的温度，减少系统中冷、热能量的损失，必须采取相应的技术措施。

1）保温材料基本要求。传热系数小，一般不大于0.14W/（m^2·K），最大不超过0.23W/（m^2·K）；密度一般小于450kg/m^3；有一定机械强度，一般能承受0.2～0.3MPa的压力；吸湿率低、抗水蒸气渗透性强、耐热、不燃、无毒、无臭味、不腐蚀金属、能避免鼠咬虫蛀、不易霉烂、化学稳定性好、经久耐用、施工方便、价格低廉、易于成型。

2）常用保温材料以及性能。见表3-2。

常用保温材料性能表 **表3-2**

材料名称	密度/（kg/m^3）	传热保温/［W/（m^3·K）］	规格/mm
矿渣棉	120～150	0.044～0.052	散装
沥青矿渣棉毡	120	0.041～0.047	100×750×（30～50）
沥青玻璃棉毡	60～90	0.035～0.047	5000×900×（25～50）
岩棉板	80～200	0.035～0.041	1000×910×（30～120）
沥青蛭石板	350～380	0.081～0.105	500×250×（50～100）
软木板	250	0.06	1000×500×（25～65）
防火聚苯乙烯塑料	25～30	0.035	500×500×（30～50）
硬质聚氨酯泡沫塑料	18～65	0.026～0.055	可制成多种规格
软质聚酯氨泡沫塑料	30～60	0.035～0.047	（2000～6000）×（860～1200）×（3～400）
甘蔗板	180～230	0.07	

续表

材料名称	密度/（kg/m³）	传热保温/［W/（m³·K）］	规格/mm
玻璃纤维板	90～120	0.03～0.04	
水玻璃膨胀珍珠岩板	200～300	0.048～0.06	
水泥膨胀珍珠岩板	250～350	0.06～0.07	
玻璃纤维缝毡	80～110	0.04	
牛毛毡	150	0.035～0.058	

（2）管道保温结构中其他材料

在保温结构中还经常用到钢丝网、骑马钉、木螺钉、自攻螺钉、镀锌铁丝等其他金属材料。

1）钢丝网。钢丝网有两种，即钢丝网和镀锌钢丝网。钢丝网每卷宽度 914mm，长度为 30m。镀锌钢丝网宽度有 914mm、1000mm 两种，长度均为 30m。

2）骑马钉。骑马钉是用于固定金属板网、金属丝网等保温层的紧固装置，其外形如图 3-1 所示。

3）木螺钉。木螺钉包括沉头木螺钉（又叫平头木螺钉、木螺钉）、圆头木螺钉（又叫半圆头木螺钉、平圆头木螺钉，圆头木螺钉）、半沉头木螺钉（又叫圆头木螺钉）和十字槽头木螺钉（分为沉头、圆头和半沉头三种）。

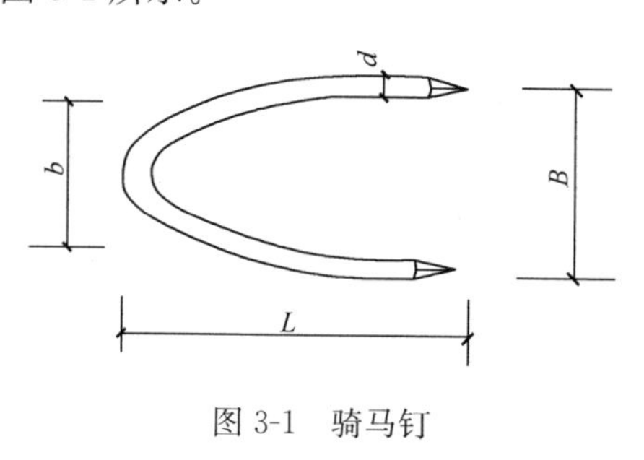

图 3-1　骑马钉

4）自攻螺钉。自攻螺钉又叫快攻螺钉。保温件常用的有十字槽自攻螺钉、十字槽沉头自攻螺钉、十字槽半沉头自攻螺钉、开槽盘头自攻螺钉、开槽沉头自攻螺钉、开槽半沉头自攻螺钉等。

自攻螺钉用于薄金属（铝、铜、低碳钢等）制件与较厚金属制件（机件主体）之间的螺纹连接。螺钉本身具有较高的硬度，事先在主体上钻一相应小孔，然后将螺钉拧入主体制件中，形成螺钉连接。

5）镀锌铁丝。在保温结构中用于绑扎保温材料或防潮层等，其直径从 0.2～6.0mm 不等。

四、通风工程机具设备

（一）剪 切 机 具

1. 联合冲剪机

（1）联合冲剪机的用途

联合冲剪机主要用作切断钢板和型钢，也可进行冲孔和开三角凹槽等，如图 4-1 所示，用来制作部件及各种支、吊架。

（2）联合冲剪机使用要点

1）使用前要检查刃口（或冲模）有无裂缝、崩牙、卷刃现象，固定刃具的螺栓应上紧，刃具装置应牢固，刃口角度应合适。

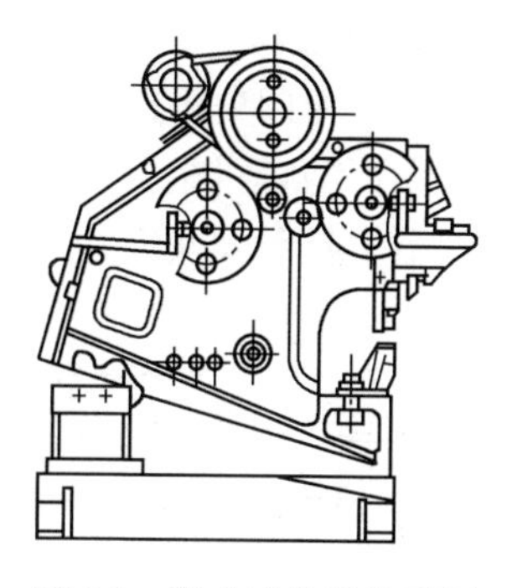

图 4-1　联合冲剪机外形图

2）空运转正常后，必须带动冲刃或剪刃空冲或空剪 1～2 次，检查压紧装置、定位装置好用后，方可进行剪冲作业。

3）刀板间隙要适当，对厚度为 2～12mm 的板料，刀板间隙以 0.15～0.5mm 为合适。

4）在剪切圆钢或方钢时，一般进料孔的尺寸可比材料尺寸大 2～10mm。如进料孔的尺寸长为 26mm，可切圆料尺寸为 ϕ16～ϕ24mm。

5）必须科学、合理地使用模具，剪冲材料应与模具相适应，如方、圆不得互用等。

6）在剪冲时，必须将压料器压住被剪冲材料。如材料太短压不住时，不得剪冲；如长料时，必须将两端下面架平，方可剪冲。

7）剪切薄板料时，应把所切的材料，按线条和定位距离对好，并将压料器调整合适，不得连剪，应一次对刀，一次剪切。

8）冲孔时，上、下模具应对中心调整，摆平摆正，四周间隙要均匀。

9）成批剪切钢材时，可根据料长加设定位挡板，进行连续剪切。在剪切过程中，定位挡板不得移动，并随时检查剪切尺寸。

10）在一般情况下，不得同时进行两项剪切作业。在机械允许的范围内，同时进行两项作业剪切时，要相互配合好，防止出现故障。

11）不得随意剪冲经过热处理（淬火）的钢材。

2. 剪板机

（1）龙门剪板机

龙门剪板机主要由床身、电动机、带轮、离合器、制动器、压料器、挡料器及刀片等组成，如图 4-2 所示。

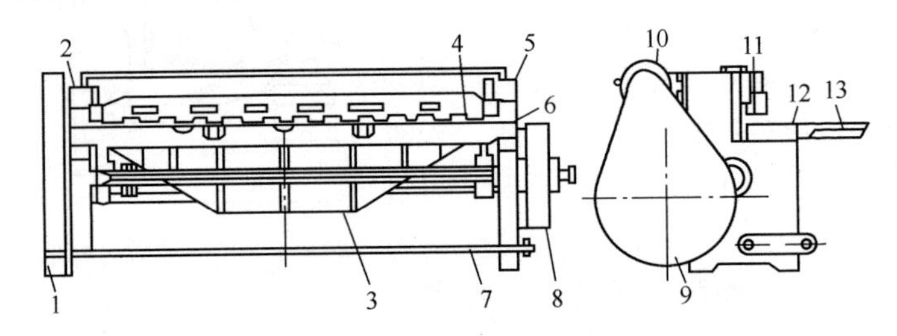

图 4-2　龙门剪板机

1—飞轮带轮防护罩；2—左立柱；3—滑料板；4—压料器；5—右立柱；6—工作台；7—脚踏管；8—离合器防护罩；9—飞轮带轮防护罩；10—挡料器齿条，11—电动机；12—平台；13—托料架

剪切操作是由电动机带动带轮、飞轮传动轴再通过齿轮使偏心轮转动，从而使床身上的上刀片，上下动作而进行剪切。

（2）直线切板机

1）直线切板机的构造

直线切板机是切割板材的一种剪板机。这种剪板机是由电动机、机身、刀架梁及持紧器、控制器、离合器、制动器、后挡板、护板、踏板及开关等组成，如图 4-3 所示。

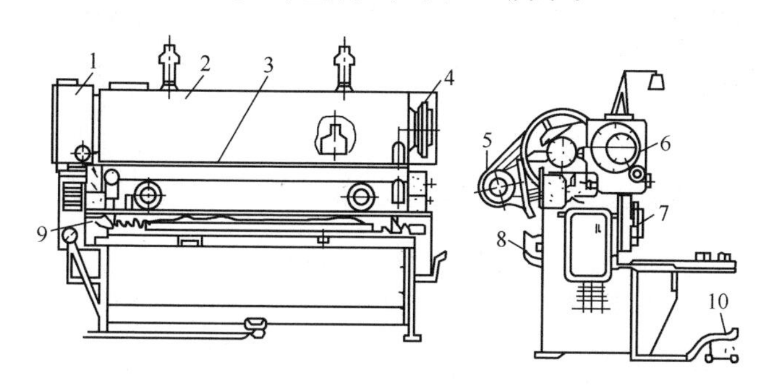

图 4-3　直线切板机

1—控制器；2—机身；3—刀架梁及持紧器；4—制动器；5—电动机；6—离合器；7—开关；8—后挡板；9—挡板；10—踏板

切割板材质量好坏由刃口间隙大小来决定，一般板厚小于 2.5mm，其间隙为 0.1mm；小于 4mm，其间隙为 0.16mm；小于 5mm，其间隙为 0.32mm。

2）直线切板机的工作程序

切割时，上刀片沿两头导轨槽上、下动作，板材由刀架梁固定，后挡板用来限制切割量，护板为保护装置，防止出现事故。切板机可间断运行，也可连续切割。

（3）振动剪板机。

振动剪板机用于切割曲线板材。剪板机是由电动机、机身、悬臂、台板、刀片、导轨等组成，如图 4-4 所示。

剪板机的动作，由电动机带动带轮、曲柄机构使固定刀片的滑块作往复运动；由定心器找正板材，下刀片固定在工作台下方；工作台位置用螺钉调整。

（4）剪板机的使用要点

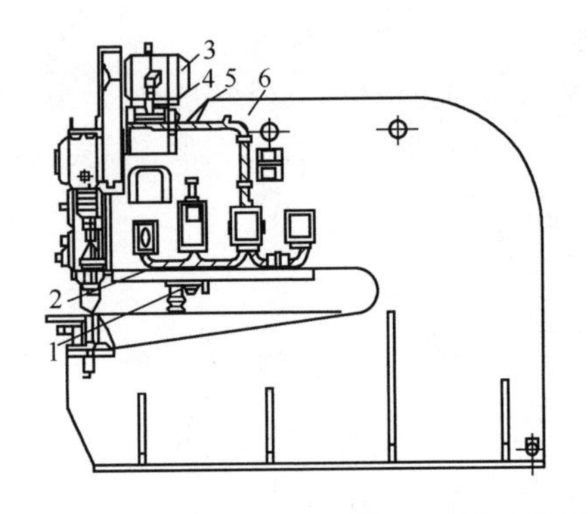

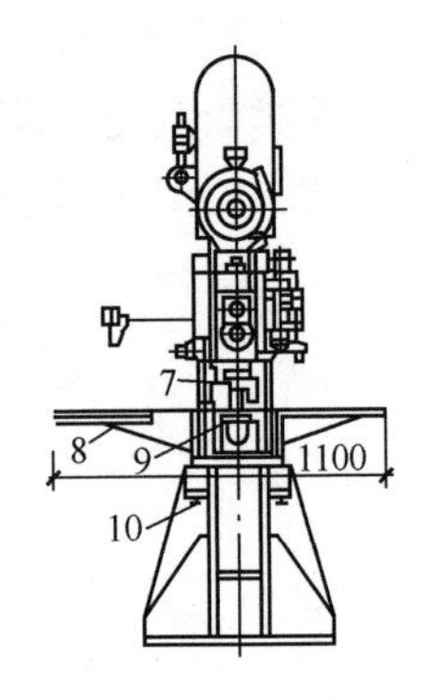

图 4-4 振动剪板机

1—定心器；2—导航；3—电动机；4—白板；5—支架；
6—上悬臂；7—上刀片；8—工作台；9—下刀片；
10—调整螺钉

1）使用前应检查刀口角度及崩牙、卷刃等缺陷，剪刀刃必须保持锐利，其全长直线度不得超过 0.1mm。

2）机械转动后，带动上刀刃空剪 2～3 次，检查走刀、离合器、压板等各部分正常后，方可进行剪切。

3）压料装置的各个压脚与平台的间隙应一致。

4）更换剪刀以及中间调整剪刀时，上下剪刀的间隙一般以前切钢板厚度的 5%为宜。调整剪刀间隙后，应用手盘动转动机构，检查剪刀有无刮碰。

5）钢板如有焊疤或氧化皮等易损伤刀刃的杂物时，必须先清理干净，方可剪切。

6）有咬口的钢板，应尽量避免在剪床剪切，如确需剪切时，应先将咬口凿开。

7）严禁将薄钢板重叠剪切，也不得同时剪切两项作业。

8）成批剪料时，应先把挡板调到所需要的位置，做出样品，经检查合格后，方可成批剪切。送料时不要用力过猛，避免挡板移动。

9）钢板放好后，不得将手放在剪床压脚下面，也不得在工作台上托住钢板，以免剪切时压伤手。

10）压脚压不住的板料，如窄板、翘板、不平板等，不得剪切。如剪长料时，应用台架架平。

11）踏动踏板要迅速，避免连续剪切。

12）铅、铝合金钢板或过硬的钢板，不得随便剪切。

13）要随时检查离合器的动作灵活性，如操作中发现不灵活，应及时停车加以维修，符合要求后再开车。

14）对机械的各润滑部位，要定期定时加注润滑油（脂），以确保机械的正常运转。

3. 电动剪刀

主要切割板材的直线和曲线。剪刀最大厚度为 3mm。剪切最小曲率半径为 30～50mm。

操作时，两刀刃的横向间隙调整可按板材厚度和软硬程度而定，剪较硬板材间隙应大些。装配刀具时，转动偏心轴，使两刀刃间距要大，刀尖搭接约 0.1～0.6mm，调好后拧紧螺钉。

（二）卷圆与折方机具

1. 卷板机

（1）卷板机的构造

卷板机用来卷制圆管和圆弧形部件。它是由电动机、机架、支柱、气缸、滚轴等组成，如图 4-5 所示。

卷板机的驱动是由电动机带动减速机、齿轮转动上、下滚轴转动，卷圆的规格由侧轮轴来调整，卷圆完成后，将滚轴端轴承打开由气缸取出。

（2）卷板机的使用要点

1）使用前，要检查离合器及操作手柄是否灵活、可靠。

2）卷圆前，板料两端应做出相应圆弧，然后开始卷圆。

3）卷制钢板时，要根据工件的弯曲半径，逐步调整丝杠顶丝，使钢板缓慢受力，不得一次卷制成型。

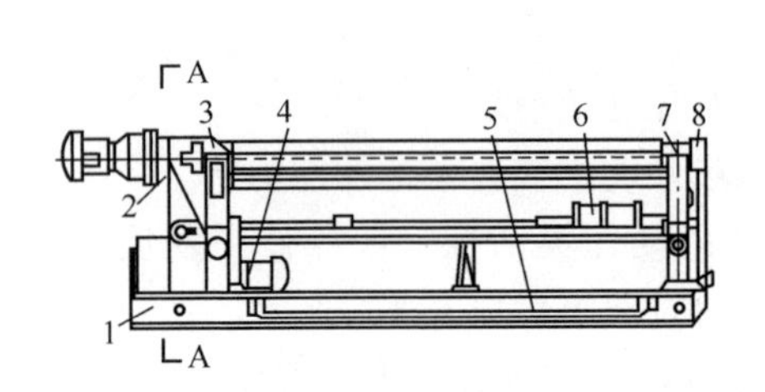

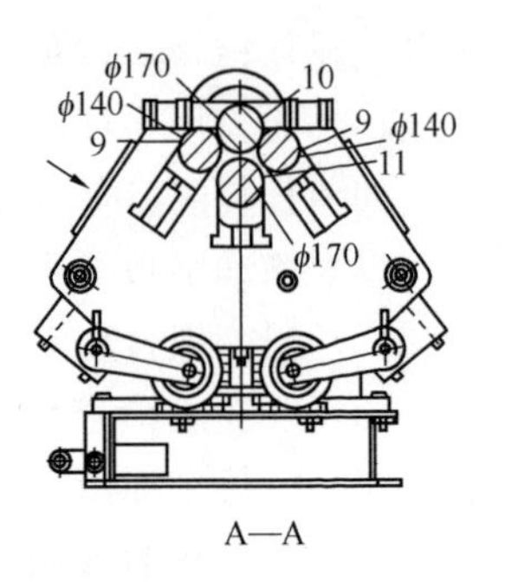

图 4-5　卷板机

1—焊接机架；2—转动轴轴颈；3—支柱；4—电动机；
5—紧急踏板；6—气缸；7—支柱；8—可放倒的轴承；
9—侧滚轴；10—上滚轴；11—下滚轴

4）在卷制过程中，钢板上不得放置其他物品，严禁在钢板上站人或从卷板机上跨越通过。

5）卷长料时，进料一头应有托辊或抬起配合送料卷圆，用手送料时，不得送至尽头。

6）在运转过程中，严禁开反车，必须使其达到终程（停止转动）以后，再使其反方向运转，以免损坏机械。

7）操作人员必须穿好工作服，不得戴手套，避免衣物和人体卷入。

8）卷制成型后，必须先松压杠螺栓，然后顶起辊轴，取出制品，以免将轴顶歪。

2. 螺旋卷管机

用来加工圆风管，从而基本实现了圆风管加工机械化作业，常用螺旋卷管机，如图 4-6 所示。

3. 折方机

主要用于矩形风管的直边折方，有人工折方和机械折方两种方法，人工折方效率低，体力消耗大。因此，多使用机械折方。

（1）折方机的构造及工作原理

图 4-7 是一台机械折方机，它由电动机、机架、立柱、工作

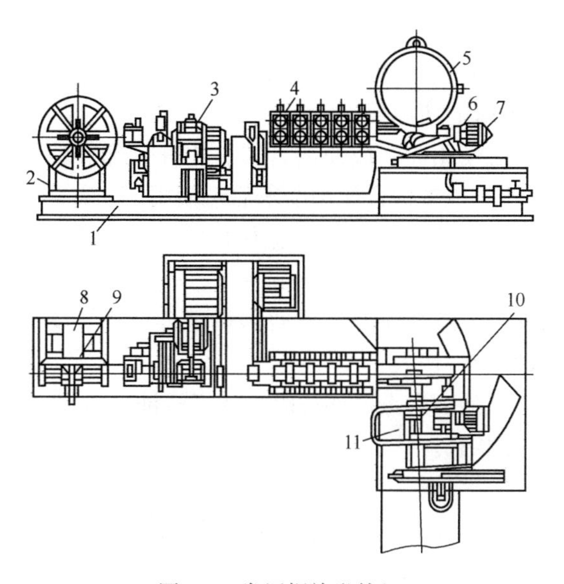

图 4-6　常用螺旋卷管机

1—机架；2—开卷器；3—切断与焊接机构；4—整型机构；
5—成型工作头；6—往复锯机构；7—锯的回转机构；
8—悬壁轴；9—限位销；10—圆锯；11—移动锯

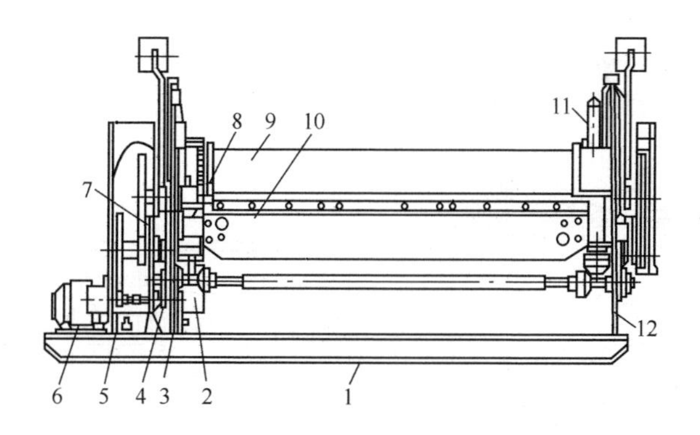

图 4-7　折方机

1—焊接机架；2—调节螺钉；3、12—立柱；4、5—齿轮；6—电动机；
7—杠杆；8—工作台；9—压梁；10—折梁；11—调节压杆

台、压梁、折梁及齿轮等组成。其工作原理是电动机带动齿轮、蜗杆，通过传动机构使折梁和压梁抬起或放下，完成折方工艺。

（2）折方机的使用要点

1）折方机使用前，应使离合器、连杆等部件动作灵活，并经空负荷运转，机械符合使用要求后再使用。

2）加工板长超过 1m 时，应当由 2 人以上进行作业，以保证折方的质量。

3）折方时，参加作业人员要密切配合，并与设备保持安全距离，防止钢板碰伤人。

4）对机械的润滑点，要按时加注润滑油（脂），以使设备保持正常的工作状态。

（三）连 接 机 具

1. 按扣式咬口折边机

（1）按扣式咬口折边机的构造

1）按扣式咬口折边机主要是对矩形风管及矩形管件进行咬口和折边工艺，如图 4-8 所示。

2）按扣式咬口折边机主要是对 0.5～1mm 板厚的矩形风管及管件进行制作加工成型。

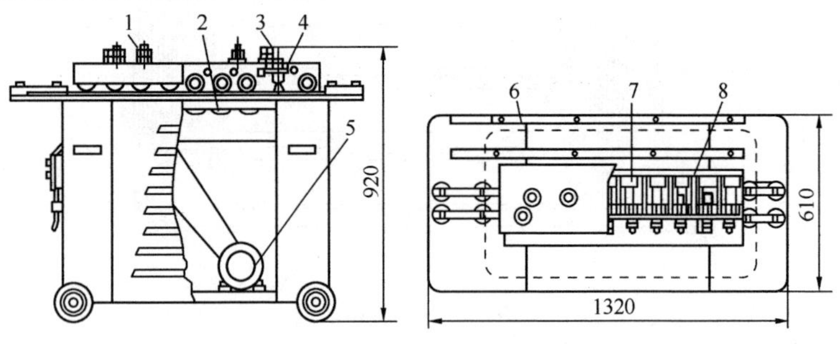

图 4-8　按扣式咬口折边机

1—中辊调整螺栓；2—下辊；3—调整螺栓；4—外辅助轮；
5—电动机；6—进料导轨；7—中滚；8—外滚

3）按扣式咬口折边机主要由机架部分（型钢和钢板焊接成型）、上横梁部分（由横梁板、9 根滚托轴、滚轮和齿轮等组成）、下横梁部分（由横梁板、滚轮轴、滚轮和齿轮组成）、传动部分（带轮、减速机等组成）等 4 大部件组合而成。

（2）按扣式咬口折边机的使用要点

1）机械使用前，要根据板材厚度和咬口折边宽度进行适当的调整，如图 4-9 所示。

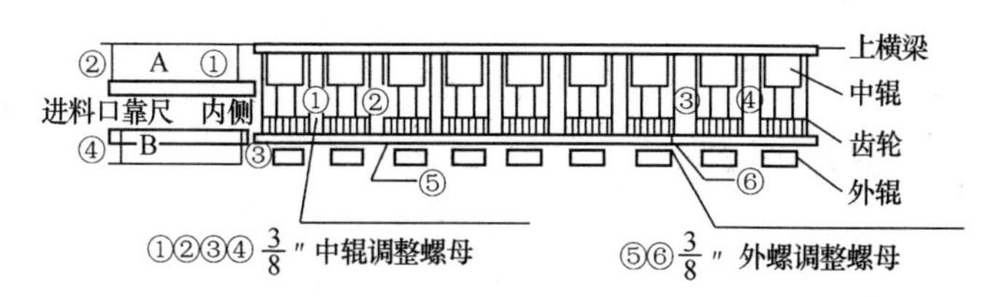

图 4-9　按扣式咬口折边机调整图

加工▭形口的调整方法：将图 4-9 中①～④调整螺母拧紧后，再将①、②回拧 100°，③、④回拧 180°，此时如要该形口的内侧比外侧长时，再将①、②拧紧 50°，此时如该形口的外侧比内侧长时，再将①、②回拧 5°。

靠尺 A 的调整，要以上横梁板延长线为基准，使靠尺两端到此延长线的距离②比①要大 2.0～2.5mm。

加工⌋形口的调整方法：将⑤、⑥调整螺母拧紧后，再回拧 120°，如出现板材空滑时，应将调整螺母再拧紧 10°左右。

靠尺 B 的调整，要以外辊端面延长线为基准，使靠尺两端到此延长线的距离③比④小 1.0～1.5mm。

为了避免咬口成型时歪扭，当进料时，必须将板材贴紧靠尺。加工▭形口时，板料要贴紧 A 靠尺；加工⌋形口时，板料要贴紧 B 靠尺。

2）使用按扣式咬口折边机时，要经常检查机械各部零件运转是否灵活，紧固件是否牢固可靠，如出现不正常响声，应及时停车检查，不得使设备带病运转。

3）设备开车前，要对滚轮表面加油，传动齿轮部分定时加注润滑油，轴承内定期加注润滑脂。

2. 弯头咬口机

（1）弯头咬口机的构造

弯头咬口机结构如图 4-10 所示。

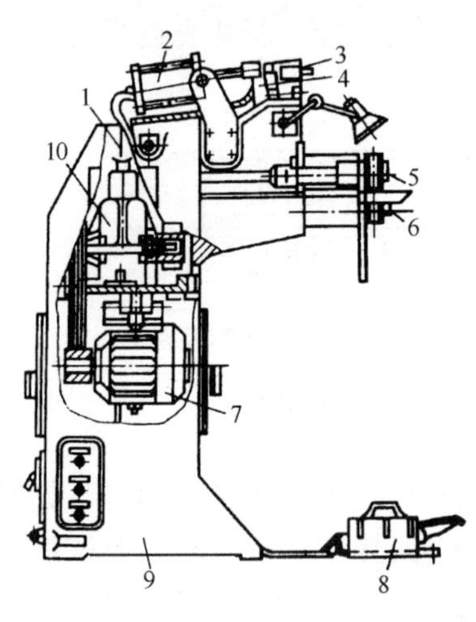

图 4-10　弯头咬口机

1—机械的外壳；2—气缸；3—开关；4—双臂杠杆；5—下扎辊；6—上扎辊；7—电动机；8—气动脚踏开关；9—机架；10—减速机

（2）弯头破口机的使用要点

1）设备使用前，要检查压轮与角度挡板等是否灵活、好用，压轮的尺寸是否适合咬口压边的尺寸要求。

2）操作时，先升起上压轮，并根据弯头直径的圆弧调整上部及左右两个小压轮，使其间隙相同，压边的弯头管节就位后，与挡板贴紧，然后转动丝杠使滚轮压住钢板，并根据弯头管节的角度调整下部角度板，使弯头管节在压边时不至晃动。

3）设备操作者应平稳地压住弯头，压边成型分次调整上压轮，一般完成一个压边尺寸要调整压轮 3～4 次。弯头管节经压制后，将上压轮升起并取出管节，即可组对咬口。

3. 咬口机

咬口机主要是把风管、部位端口压成各类咬口形状，然后进行咬接。咬口机由电动机、机架、传动装置、转轴、工作台等部件组成，如图 4-11 所示。主要靠上、下凸轮转动装置形成的压力而成型。

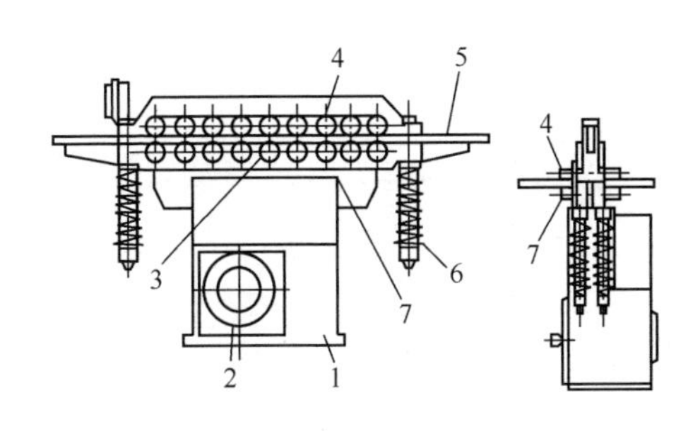

图 4-11　咬口机

1—机架；2—电动机；3—下凸轮传动装置；4—上转轴；
5—工作台；6—盘状弹簧持紧器；7—下转轴

4. 压口机

压口机的作用是对直线咬口压制成咬合缝。主要由电动装置、钢架、上梁、气缸、工作头、凸轮、锁紧装置、底梁等组成。

压口合缝的程序是：将咬好的板件放在阴模底梁，并使咬口对正压轮，用气缸关闭锁紧器，压轮下压并开启自引式工作头，使其沿咬口缝运动压口合缝，然后松开锁紧器取出工件。

（四）起重设备及施工机械

1. 常用自行式起重机的种类和性能

（1）汽车式起重机（如图 4-12）

1）汽车式起重机的起重机构和回转台是安装在载重汽车底盘上的；起重机的动力装置及操纵室和汽车的动力装置及驾驶室是独立的、分开的。为了增加起重机的稳定性，底盘两侧增设四个支腿，以扩大支承点。液压式汽车起重机全部采用液压传动来完成起吊、回转、变幅、吊臂伸缩及支腿收放等动作，故操作灵活，起吊平稳。

2）汽车式起重机具有机动性能好，运行速度快、转移方便等优点，在完成较分散的起重作业时工作效率突出，它的缺点是

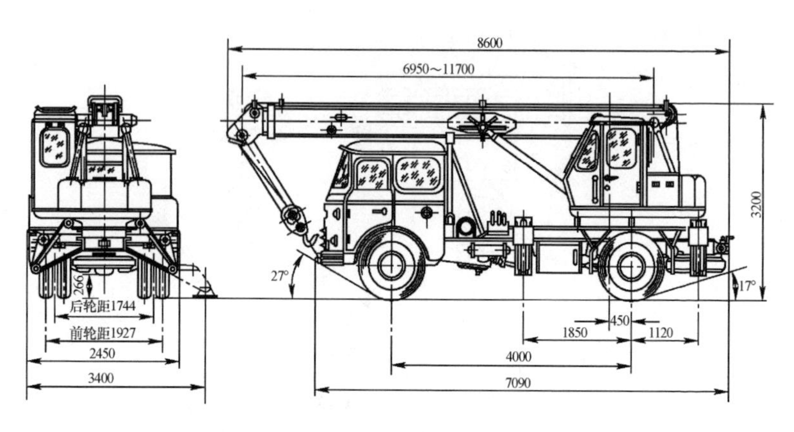

图 4-12　汽车起重机

要求有较好的路面、稳定性能差，起重能力有限。

3）汽车式起重机使用注意事项：

① 严格按起重机的性能范围使用；

② 作业前须检查起重机工作场地是否平整、坚实，当支腿下方不平时应用枕木等垫平；

③ 每次作业前要进行试吊，把重物调离地面 200mm 左右，试验制动器是否可靠，支腿是否牢靠，确认安全后方可起吊；

常用的汽车式起重机技术规格　　**表 4-1**

型号	Q51	Q82	Q2-5H	Q2-6.5	Q2-7	Q2-8	Q2-12	Q2-16	Q2-16	Q2-32
最大起重量/t	5	8	5	6.5	7	8	12	16	16	32
起重臂长/m		12		10.98	10.98	11.7	13.2	20	21	30
起升高度/m	6.5	11.4	6.5	11.3	11.3	12	12.8	20	20.3	29.5
车身长度/m	8740	10500	7748	8740	8700	8600	10350	8700	11640	1290
车身宽度/m	2420	2520	2299	2300	2300	2450	2400	2300	2560	2600
车身高度/m	3400	3500	2400	3070	3280	3200	3300	3280	3250	3500
总质量（质量）/t	7.5	14	9	8.45	10.5	15	17.3		21.5	32

④ 起重机负重工作时，吊臂的左右旋转角度都不能超过 45°，回转速度要缓慢；

⑤ 不准使用起重机吊拔埋在地下的钢桩或不明物，以免超负荷；

⑥ 雨雪天作业，起重机制动器失灵，故吊钩起落要缓慢。

（2）轮胎式起重机

轮胎式起重机（如图 4-13）是装在特制的轮胎底盘上的起重机，车身行驶也依靠同一动力装置来驱动，它的底盘紧固牢靠，采用大尺寸的 14 层尼龙轮胎，车轮间距较大，这是与汽车式起重机的不同之处。它起重量较大，稳定性较好，但也要求有较好的路面。

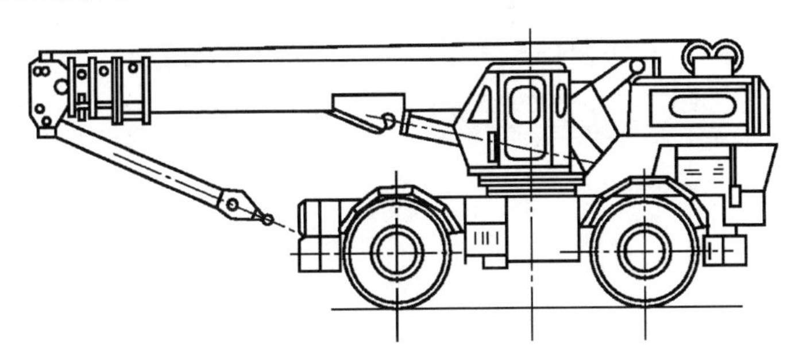

图 4-13　轮胎式起重机

常用的轮胎式起重机的技术规格　　　　表 4-2

<table>
<tr><td colspan="3">型　　号</td><td>QLD-3/5</td><td>QL2-8</td><td>HG-10</td><td>Q-161</td><td>QL3-16</td><td>QL3-253</td><td>QL3-40</td></tr>
<tr><td colspan="3">最大起重量/t</td><td>6</td><td>8</td><td>10</td><td>15</td><td>16</td><td>25/3.5</td><td>40/4</td></tr>
<tr><td colspan="3">起重臂长/m</td><td>13</td><td>7</td><td>16</td><td>15</td><td>20</td><td>32</td><td>42</td></tr>
<tr><td colspan="3">最大起升高度/m</td><td>12</td><td></td><td>15.7</td><td>13.5</td><td>18.4</td><td></td><td>37.4</td></tr>
<tr><td colspan="3">起重幅度范围/m</td><td>4～10</td><td></td><td>2.3～14.8</td><td>3.4～15.5</td><td>3.4～20</td><td>4～21</td><td>4.5～25</td></tr>
<tr><td rowspan="4">外形尺寸（行驶状态）/mm</td><td rowspan="2">长</td><td>带吊臂</td><td>16500</td><td>8552</td><td></td><td>14650</td><td>14650</td><td>17600</td><td>21600</td></tr>
<tr><td>无吊臂</td><td></td><td>5285</td><td>5025</td><td></td><td>5380</td><td>6820</td><td>9600</td></tr>
<tr><td colspan="2">宽</td><td>3500</td><td>2500</td><td>3000</td><td>3200</td><td>3176</td><td>3200</td><td>3500</td></tr>
<tr><td colspan="2">高</td><td>4000</td><td>2865</td><td>3875</td><td>3500</td><td>3480</td><td>3430</td><td>3900</td></tr>
<tr><td colspan="3">（重量）质量/t</td><td>16</td><td>12</td><td>20</td><td>23</td><td>22</td><td>29</td><td>53.7</td></tr>
</table>

（3）履带式起重机（如图 4-14）

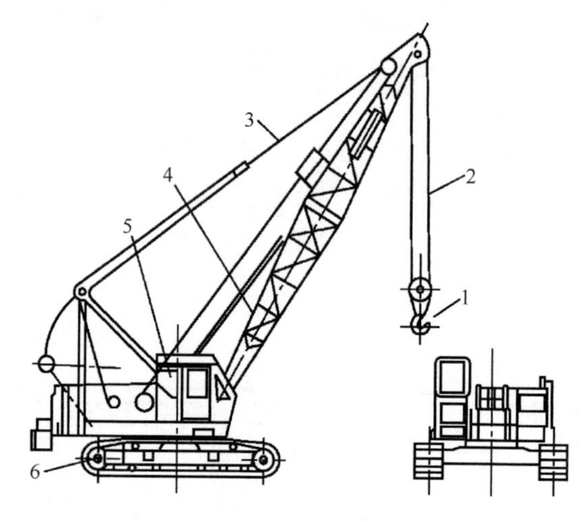

图 4-14　履带式起重机

1—吊钩；2—起升钢丝绳；3—变幅钢丝绳；
4—起重臂；5—主机房；6—履带行走装置

1）履带式起重机由回转台和履带行走机构两部分组成；

2）履带式起重机的动力装置一般采用内燃机驱动，操作灵活，使用方便，在一般平整和坚实的道路上均可行驶和吊装作业，对地面承压要求较低。

表 4-3 为 W-200 1/2 型履带式起重机的技术规格。

W-200 1/2 型起重机技术规格　　　　**表 4-3**

起重臂长/m	15					30				40			
幅度/m	4.5	6.5	9.0	12	15.5	8.0	11.0	16.5	22.5	10.0	15.5	21.5	30.5
起重量/t	50	28	17.5	11.7	8.2	20	12.7	7	4.3	8	5	3	1.5
起升高度/m	12	11.4	10	8	3	26.5	25.6	23.2	19	36	34.5	32	2.5
工作时机器重量（质量）/t	75.74					77.54				79.14			
双足支架距地面高度/m	6.3												

3）履带式起重机使用注意事项：

① 严格按起重机特性曲线使用；

② 作业前应对起重机进行一次试运转，确认各机件运转无异常，制动灵敏可靠，能正时开始起重工作；

③ 满负荷起吊时，应先将重物调离地面 200mm 左右，对设备做一次全面检查，确认安全后方可起吊；

④ 起吊过程中要密切注意重物的起落，切勿让吊钩提升到吊臂顶点；

⑤ 在满负荷起吊时，起重机不得行走。

（4）常用自行式起重机的选用原则

1）自行式起重机起重量特性曲线

自行式起重机是一种间歇动作的机械，工作是周期性的，选择起重机主要是被吊设备的几何尺寸、安装部位来确定起升高度和幅度，从而确定吊臂的长度和仰角，再根据设备重量选择起重机的起重力，这些均需符合起重机特性曲线。

自行式起重机特性曲线表，一方面反映起重量随臂长和幅度的变化而变化的规律；二是反映起重机的起升高度随着臂长、幅度变化而变化的规律曲线。如图 4-15 称为特性曲线表。

图 4-15 所示为 Q2-8 型汽车式起重机特性曲线表。该特性曲线包括起重量特性曲线和起升高度曲线。该特征曲线图上有三条曲线，曲线①为臂长 6.95m 时吊钩起升高度曲线；曲线②为起重量特性曲线；曲线③为臂长 11.7m 时吊钩起升高度曲线。

2）自行式起重机选用原则

选择自行式起重机必须按照特性曲线，具体步骤如下：

① 首先根据作业现场的实际情况确定被吊设备或构件的位置和起重机要站的位置，这样幅度 R 即被确定；

② 再根据被吊设备或构件的体积大小、外形尺寸、吊装高度等即可确定吊装臂长 L；

③ 根据已确定的 R 和 L，可在特性曲线表上确定起重机能够吊装的荷重 Q；

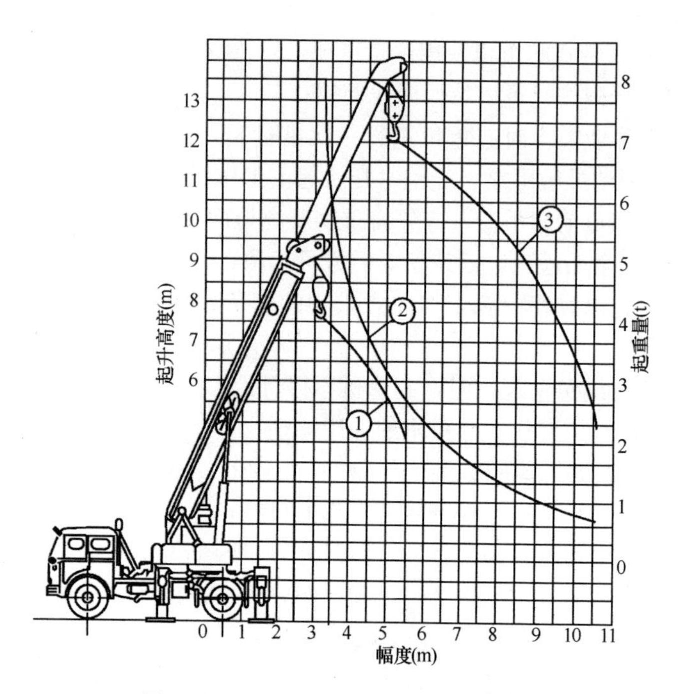

图 4-15 Q2-8 型起重机起重量特性曲线

①升高度曲线（臂长 6.95m）；②起重量特性曲线；

③起升高度曲线（臂长 11.7m）

④ 倘若得知起重机能够吊装的载荷大于被吊的设备或构件的重量，则说明起重机选择合适，否则应重选。

2. 常用的施工机械

（1）手拉葫芦、千斤顶、卷扬机的性能

1）手拉葫芦种类及使用注意事项

手拉葫芦又称链式起重机，是一种自重轻、携带方便、使用简便，应用广泛的手动起重机械，使用时只要 1～2 人即可操作。手拉葫芦的起重能力一般不超过 10t，起重高度一般不超过 6m。

① 手拉葫芦的种类和组成

按结构不同，可分为蜗杆传动和圆柱齿轮传动两种。手拉葫芦由链轮、手拉链、起重链、传动机构及上下吊钩等几部分组成，如

图 4-16 所示，目前常用的 HS 手拉葫芦，其规格见表 4-4。

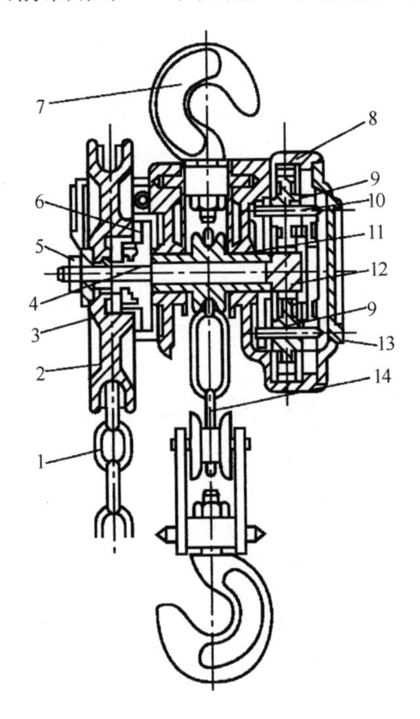

图 4-16　手拉葫芦（手动链式起重机）

1—手拉链；2—链轮；3—棘轮圈；4—链轮轴；5—圆盘；6—摩擦片；7—吊钩；8—齿圈；9—齿轮；10—齿轮轴；11—起重链轮；12—齿轮；13—驱动机构；14—起重链子

HS 手拉葫芦技术性能及规格　　表 4-4

型号	HS $\frac{1}{2}$	HS1	HS1 $\frac{1}{2}$	HS2	HS2 $\frac{1}{2}$	HS3	HS5	HS7 $\frac{1}{2}$	HS10	HS15	HS20
起重量/t	0.5	1	1.5	2	2.5	3	5	7.5	10	15	20
标准起升高度/m	2.5	2.5	2.5	2.5	2.5	3	3	3	3	3	3
满载链拉力/N	195	310	350	320	390	350	390	395	400	415	400
净重/N	70	100	150	140	250	240	360	480	680	1050	1500

② 手拉葫芦使用注意事项

A. 使用前应检查传动、制动部分是否灵活可靠，传动部分要保持良好润滑，链条完好无损，无卡涩现象，销子牢固可靠；

B. 葫芦吊挂必须牢靠，按额定起重能力使用，严禁超载；

C. 使用时要避免手链跳槽和起重链打扭，在倾斜和水平使用时，拉链方向和链轮方向一致，防止卡链和掉链；

D. 当吊装的物件需停留一段时间时，必须将手链拴在起重链上，以防止时间过久自锁失灵，此时操作人员不得离开；

E. 操作时，待链条张紧后，应检查各部分有无异常；

F. 使用三个月以上的手拉葫芦，应进行一次拆卸清洗检查和注油。

2）千斤顶的种类及使用注意事项

千斤顶又叫举重器，是一种可用较小的力量把重物顶升、降低或移动的简单、方便的起重工具。

①千斤顶的种类

按照千斤顶的结构不同，可分为螺旋千斤顶、液压千斤顶、齿条千斤顶三种。

A. 螺旋千斤顶

a. 结构：螺旋千斤顶由壳体、底座、螺杆、伞齿轮、铜螺母、升降套筒、推力轴承、棘轮组等主要零件组成，如图 4-17 所示。

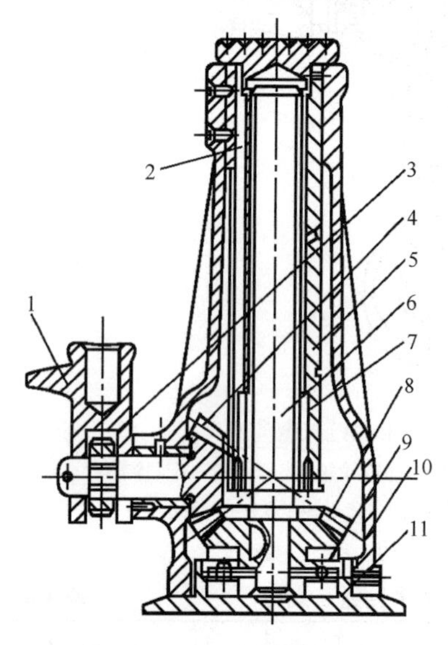

图 4-17 Q 型螺旋千斤顶

1—摇把；2—导向键；3—棘轮组；4—小圆锥齿轮；5—升降套筒；6—丝杆；7—铜螺母；8—大圆锥齿轮；9—单向推力球轴承；10—壳体；11—底座

b. 工作原理：往复扳动手柄时，小伞齿轮带动大伞齿轮，使螺旋杆旋转，带动铜螺母旋转，通过铜螺母带动套筒升降，达到提升或下降重物的目的。

移动式螺旋式千斤顶技术规格 **表 4-5**

起重量/kN	顶起高度/mm	螺杆落下最小高度/mm	水平移动距离/mm	自重/kN
80	250	510	175	400
100	280	540	300	800
125	300	660	300	850
150	345	660	300	1000
200	360	680	360	1450
250	360	690	370	1650
300	360	730	370	2250

B. 液压千斤顶（如图 4-18 所示）

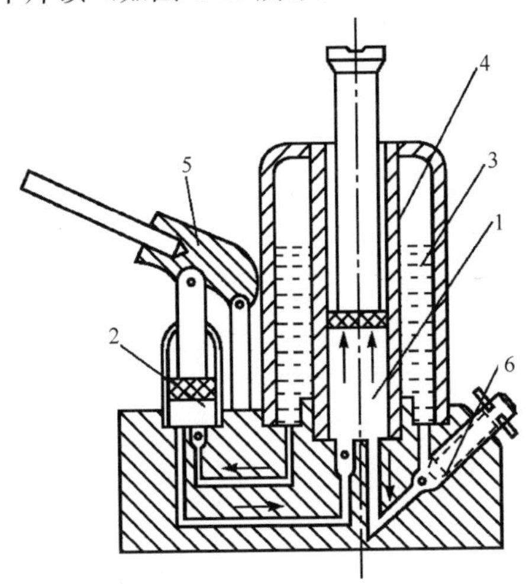

图 4-18　液压千斤顶

1—工作液压缸；2—液压泵；3—液体；4—活塞；
5—摇把；6—回液阀

a. 结构：液压千斤顶由油缸、起重活塞、液压泵、回油阀、摇柄等几部分组成。

b. 工作原理：利用液压原理，以手掀液压泵将油压入起重活塞底部使其升起，从而达到升重之目的。

c. 特点：体积小、自重轻、油压升程高、起重速度快、工作平稳、具有自锁作用。

d. 起重能力与举升高度

目前国产油压千斤顶最大起重能力可达 500t，最大举升高度 200mm。国产 YQ1 型液压千斤顶技术性能见表 4-6。

国产 YQ1 型液压千斤顶技术性能 **表 4-6**

型号	起重量/kN	起升高度/mm	最低高度/mm	公称压力/kPa	手柄长度/mm	手柄作用力/N	自重/N
$YQ_1$1.5	15	90	164	33	450	270	25
$YQ_1$3	30	130	200	42.5	550	290	35
$YQ_1$5	50	160	235	52	620	320	51
$YQ_1$10	100	160	245	60.2	700	320	86
$YQ_1$20	200	180	285	70.7	1000	280	180
$YQ_1$32	320	180	290	72.4	1000	310	260
$YQ_1$50	500	180	305	78.6	1000	310	400
$YQ_1$100	1000	180	350	75.4	1000	310×2	970
$YQ_1$200	2000	200	400	70.6	1000	400×2	2430
$YQ_1$320	3200	200	450	70.7	1000	400×2	4160

C. 齿条千斤顶（如图 4-19 所示）

a. 结构：齿条千斤顶由齿条、齿轮和棘轮、棘爪、手柄等组成。

b. 工作原理：转动千斤顶的手柄，带动齿轮传动齿条，利用齿条移动提升重物，停止操作，靠棘轮和棘爪自锁。设备下降时，放松齿条即可，但不可使棘爪脱开棘轮而突然下降，要控制手柄缓慢逆向转动，以防因设备重力驱动手柄而飞速回转造成事故。

② 使用千斤顶的注意事项

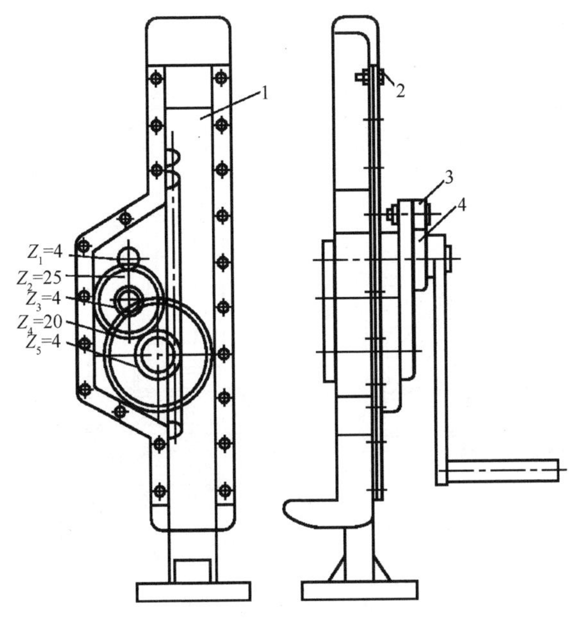

图 4-19　齿条式千斤顶

1—齿条；2—连接螺钉；3—棘爪；4—棘轮

A. 无论哪种千斤顶都不准超负荷使用，以免发生人身或设备事故；

B. 千斤顶使用前，应检查升降螺杆、活塞和其他动作部件是否灵活可靠，是否损坏，液压千斤顶的阀门、皮碗是否完好，油液是否干净；

C. 使用时，千斤顶应放在平整坚实的地面上；

D. 多台千斤顶同时使用时，动作要保持一致，做到同步顶升和下落；

E. 螺旋千斤顶和齿条千斤顶，对工作部位要涂以防锈油，以减少磨损和防止锈蚀。

3）卷扬机的设置及使用注意事项

① 卷扬机的种类、构造及技术规格

A. 卷扬机的种类：按卷筒形式可以分有单筒和双筒两种，

按传动形式分有可逆减速箱式和摩擦离合器式，按起重量分有0.5t、1t、2t、3t、5t、10t、20t、32t 等；

B. 卷扬机的构造：主要由电动机、减速箱、卷筒、电磁式制动器、可逆控制箱和底座等组成，如图 4-20 所示。

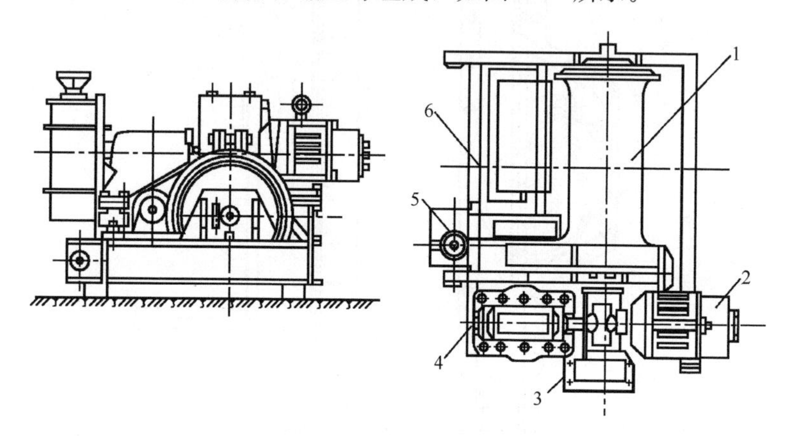

图 4-20 可逆式电动卷扬机

1—卷筒；2—电动机；3—电磁式闸瓦制动器；4—减速箱；5—控制开关；6—电阻箱

C. 电动卷扬机技术规格见表 4-7。

常用电动卷扬机技术规格 **表 4-7**

类型	超重能力/t	卷筒直径×长度/mm	平均绳速/m/min	缠绳量/(m/绳径)	电动机功率/kW
单卷筒	1	ϕ200×350	36	200/ϕ12.5	7
单卷筒	3	ϕ340×500	7	110/ϕ12.5	7.5
单卷筒	5	ϕ400×840	8.7	190/ϕ24	11
双卷筒	3	ϕ325×500	27.5	300/ϕ16	28
双卷筒	5	ϕ220×600	32	500/ϕ22	40
单卷筒	7	ϕ800×1050	6	1000/ϕ31	20
单卷筒	10	ϕ750×1312	6.5	1000/ϕ31	22
单卷筒	20	ϕ850×1324	10	600/ϕ42	55

② 电动卷扬机的设置

A. 电动卷扬机设置的好与坏，直接影响到设备的安全使用、吊装搬运的可靠性；

B. 配合桅杆使用时，电动卷扬机的位置距离桅杆不能小于桅杆高度；

C. 电动卷扬机的固定方法非常重要，应达到作业时防止卷扬机倾覆与滑动的目的，固定方法一般有平衡重法（如图 4-21）、固定基础法（如图 4-22）、地锚法（如图 4-23、图 4-24）三种。

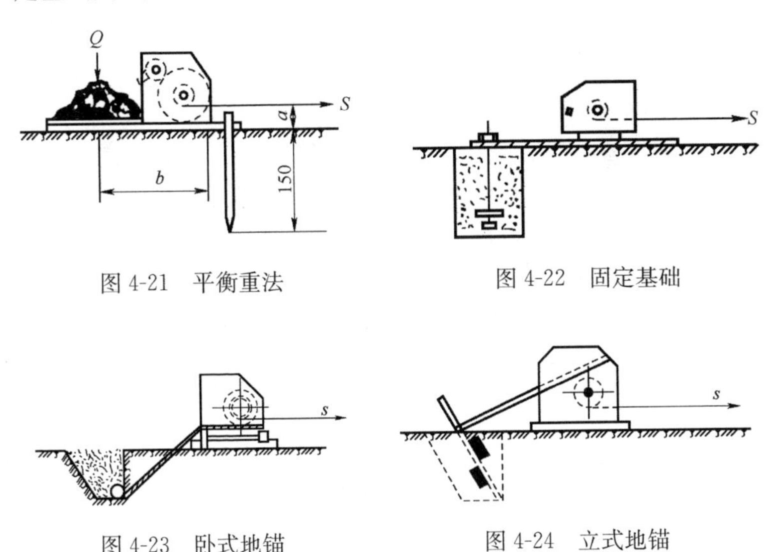

图 4-21　平衡重法

图 4-22　固定基础

图 4-23　卧式地锚

图 4-24　立式地锚

③ 电动卷扬机使用注意事项

A. 电动卷扬机是重要的起重机械，使用前要做安全性检查；

B. 电动卷扬机应设置防雨棚，以防电气装置受潮；

C. 电动卷扬机的操作人员应持证上岗，并做到专机专人操作；

D. 电动卷扬机所用钢丝绳直径应与套筒直径相匹配；

E. 钢丝绳应保持水平状态从卷筒下面进入并尽量与卷筒轴线方向垂直，以防钢丝绳在卷筒上缠绕时排列错叠和挤压；

F. 用多台电动卷扬机吊装设备时，其牵引速度和起重能力应相同，并做到统一指挥、统一行动，同步操作；

G. 电动卷扬机在使用中发现卷筒壁减薄 10%，卷筒裂纹和变形、筒轴磨损、制动器制动动力不足时，必须进行修理更换；

H. 电动卷扬机用完后，要切断电源，将控制器拨到零位，用保险闸自动刹紧并使跑绳放松；

I. 定期做好保养维修工作。

3. 麻绳、尼龙绳、涤纶绳及钢丝绳的性能

（1）起重用麻绳、尼龙绳、涤纶绳及钢丝绳的性能和使用选择

1）麻绳的种类和使用

① 麻绳是起重作业中常用的索具之一，它具有轻便、容易携带、捆绑方便等优点，麻绳一般有三股、四股和九股三种，按原料的不同，常用的有白棕绳、混合麻绳和线麻绳三种

② 麻绳使用注意事项

A. 如果麻绳与滑轮配合使用，滑轮直径应大于绳径 7～10 倍；

B. 截断后的棕绳，断口处应用铁丝或线绳扎牢防止绳头松散；

C. 麻绳使用时，易局部触伤和机械磨损；

D. 麻绳在打结使用时，其强度会降低 50%以上，故其连接应采用编结法；

E. 麻绳禁止用于摩擦大、速度快的吊装场合，禁止用于机动牵引；

F. 麻绳容易受潮，使用完毕应晾干，卷成圆盘平放在通风干燥木板上。

2）尼龙绳和涤纶绳的使用

① 尼龙绳和涤纶绳的用途

在起运和吊装表面光洁零件、软金属制品，磨光的轴销或其他表面不允许磨损的设备时，必须使用尼龙绳、涤纶绳等非金属绳索；

尼龙绳和涤纶绳的优点是体轻，质地柔软、耐油、耐酸、耐腐蚀，并具有弹性，可减少冲击，不怕虫蛀，不会引起细菌繁

殖，他们的抗水性能达到96%～99%。

② 尼龙绳的物理性能

为方便起吊设备，有时可用棉帆布或尼龙帆布做成带状吊具(图4-25)，表4-8为我国生产的尼龙绳及增强尼龙绳的物理机械性能。

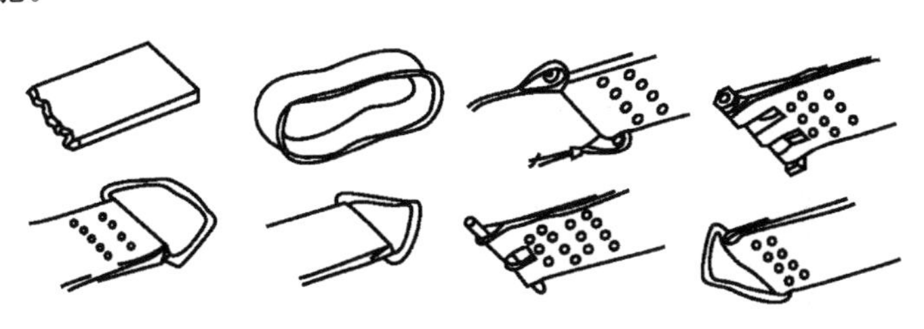

图4-25 带状吊具

(2) 起重用钢丝绳的种类和使用注意事项

1) 钢丝绳的分类和标记

① 钢丝绳的分类

钢丝绳的种类很多，起重作业中都用圆股钢丝绳。

A. 钢丝绳按其股数和股外层钢丝的数目分类，见表4-8；

B. 钢丝绳按捻法分为右交互捻（ZS)、左交互捻（SZ)、右同向捻（ZZ）和左同向捻（SS）四中，如图4-26所示；

C. 钢丝绳按绳芯不同分为纤维芯和钢芯。

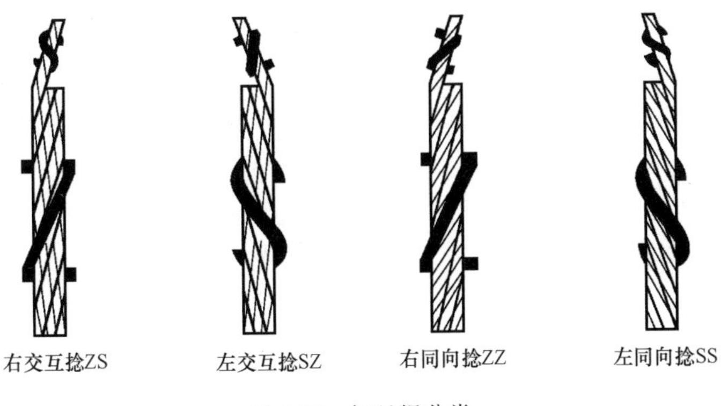

图4-26 钢丝绳分类

钢丝绳分类 表 4-8

组别	类别	分类原则	典型结构		直径范围（mm）
			钢丝绳	股	
1	单股钢丝绳	1个圆股，每股外层丝可到18根，中心丝外捻制1～3层钢丝	1×7 1×19 1×37	(1+6) (1+6+12) (1+6+12+18)	0.6～12 1～16 1.4～22.5
2	6×7	6个圆股，每股外层丝可到7根，中心丝（或无）外捻制1～2层钢丝，钢丝等捻距	6×7 6×9W	(1+6) (3+3/3)	1.8～36 14～36
3	6×19（a）	6个圆股，每股外层丝8～12根，中心丝外捻制2～3层钢丝，钢丝等捻距	6×19S 6×19W 6×25Fi 6×26WS 6×31WS	(1+9+9) (1+6+6/6) (1+6+6F+12) (1+5+5/5+10) (1+6+6/6+12)	6～36 6～40 8～44 13～40 12～46
	6×19（b）	6个圆股，每股外层丝12根，中心丝外捻制2层钢丝	6×19	(1+6+12)	3～46
4	6×37（a）	6个圆股，每股外层丝14～18根，中心丝外捻制3～4层钢丝，钢丝等捻距	6×20Fi 6×36WS 6×37S （点线接触） 6×41WS 6×49SWS 6×55WSW	(1+7+7F+14) (1+7+7/7+14) (1+6+15+15) (1+8+8/8+16) (1+8+8+8/8+16) (1+9+9+9/9+18)	10～40 12～60 10～60 32～60 36～60 36～60
	6×37（b）	6个圆股，每股外层丝18根，中心丝外捻制3层钢丝	6×37	(1+6+12+18)	5～60

续表

组别	类别	分类原则	典型结构		直径范围（mm）
			钢丝绳	股	
5	6×61	6个圆股，每股外层丝24根，中心丝外捻制4层钢丝	6×61	(1+6+12+18+24)	40～60
6	8×19	8个圆股，每股外层丝8～12根，中心丝外捻制2～3层钢丝，钢丝等捻距	8×19S	(1+9+6)	11～44
			8×19W	(1+6+6/6)	10～48
			8×25Fi	(1+6+6F+12)	18～52
			8×26WS	(1+5+5/5+10)	16～48
			8×31WS	(1+6+6/6+1)	14～56
7	8×37	8个圆股，每股外层丝14～18根，中心丝外捻制3～4层钢丝，钢丝等捻距	8×36WS	(1+7+7/7+14)	14～60
			8×41WS	(1+8+8/8+16)	40～60
			8×49SWS	(1+8+8+8/8+16)	44～60
			8×55SWS	(1+9+9+9/9+18)	44～60
8	18×19	钢丝绳中有17或18个圆股，在纤维芯或钢芯外捻制2层股，外层10～12个股，每股外层丝8～12根，中心丝外捻制2～3层钢丝	18×19W	(1+6+6/6)	14～44
			18×19S	(1+9+9)	14～44
			18×19	(1+6+12)	10～44
9	34×7	钢丝绳中有34～36个圆股，在纤维芯或钢芯外捻制3层股，外层17～18个股，每股外层丝4～8根，中心丝外捻制一层钢丝	34×7	(1+6)	16～44
			36×7	(1+6)	16～44

续表

组别	类别	分类原则	典型结构		直径范围（mm）
			钢丝绳	股	
10	35W×7	钢丝绳中有24～40个圆股，在钢芯外捻制2～3层股，外层12～18个股，每股外层丝4～8根，中心丝外捻制一层钢丝	34×7 36×7 35W×7 24W×7	(1+6) (1+6) (1+6) (1+6)	16～44 16～44 12～50 12～50
11	6×12	6个圆股，每股外层丝12根，股纤维芯外捻制一层钢丝	6×12	(FC+12)	8～32
12	6×24	6个圆股，每股外层丝12～16根，股纤维芯外捻制2层钢丝	6×24 6×24S 6×24W	(FC+9+15) (FC+12+12) (FC+8+8/8)	8～40 10～44 10～44
13	6×15	6个圆股，每股外层丝15根，股纤维芯外捻制一层钢丝	6×15	(FC+15)	10～32
14	4×19	4个圆股，每股外层丝8～12根，中心丝外捻制2～3层钢丝，钢丝等捻距	4×19S 4×25Fi 4×26WS 4×31WS	(1+9+9) (1+6+6F+12) (1+5+5/5+10) (1+6+6/6+12)	8～28 12～34 12～31 12～36
15	4×37	4个圆股，每股外层丝14～18根，中心丝外捻制3～4层钢丝，钢丝等捻距	4×36WS 4×41WS	(1+7+7/7+14) (1+8+8/8+16)	14～42 26～46

② 钢丝绳的标记

根据《钢丝绳术语、标记和分类》GB/T 8706—2017 钢丝绳标记格式如图 4-27 所示。

图 4-27 标记系列示例

注：本示例及本标准其他部分各特性之间的间隔在实际应用中通常不留空间。

2）钢丝绳的选用

① 钢丝绳选用原则

A. 必须有产品出厂合格证；

B. 根据用途选择相应的钢丝绳规格；

C. 用在滑轮中穿绕的钢丝绳应选用质地较有挠性的；

D. 钢丝绳能承受要求的拉力，是指通过计算求出的允许拉力；

E. 起重作业中不能发生钢丝绳扭转、打结现象；

F. 有较好的耐磨性、耐疲劳，能够承受滑轮、卷筒的反复弯曲；

G. 与使用环境相适用，高温和卷筒用的场合宜选用金属芯；高温有腐蚀的场合宜选用石棉芯。

② 钢丝绳的安全系数

钢丝绳的最小破断力除以大于 1 的一个系数，这个系数就叫安全系数，在确定安全系数时，应考虑以下因素：

A. 钢丝绳在使用过程中，受拉、压、弯复杂多变应力，难以准确计算的影响；

B. 钢丝绳工作中经受磨损、锈蚀、疲劳、被绳卡损伤以及经过滑轮槽时的摩擦阻力等所带来的影响；

C. 钢丝绳工作中经常发生冲击和振动情况，使钢丝绳由松弛状态突然称为紧张状态这种由静负荷变为动负荷的影响；

D. 工作中的超载、超负荷影响；

E. 钢丝绳质量缺陷的影响。

③ 钢丝绳的受力计算

钢丝绳允许压力是钢丝绳世纪使用允许的承载能力，它的计算公式为：

$$[P]=\frac{S_b}{K}$$

式中　$[P]$——钢丝绳允许拉力，kN；

S_b——钢丝绳最小破断力，kN；

K——钢丝绳的安全系数。

④ 钢丝绳使用注意事项

A. 当钢丝绳从盘卷或绳卷展开时，应采取各种措施避免绳的扭转或降低钢丝绳的扭转程度；

B. 钢丝绳的端部要用铁丝绑扎牢；

C. 钢丝绳使用时严防与导电线路接触；

D. 使用钢丝绳时不能产生锐角曲折、扭结或压成扁平；

E. 钢丝绳在卷扬机上使用时要注意选择捻向与卷筒卷绕方向一致的钢丝绳；

F. 穿钢丝绳的滑轮边缘不得有破裂，以防损坏钢丝绳；

G. 钢丝绳与设备、构件及建筑物棱角接触时，应加垫木块、麻布；

H. 起吊中严禁出现急剧改变升降速度，以免产生冲击负荷，破坏钢丝绳的使用性能；

I. 钢丝绳较短的使用寿命源于缺乏保养，因此做好保养尤为重要；

J. 当钢丝绳在断丝、磨损、腐蚀和变形达到报废标准后应立即停止使用。

⑤ 钢丝绳的力学性能，见表 4-9。

表 4-9

钢丝绳的力学性能

钢丝绳公称直径/mm	参考重量/(kg/100m)			钢丝绳公称抗拉强度/MPa							
				1570		1670		1770		1870	
				钢丝绳最小破断拉力/kN							
	天然纤维芯钢丝绳	合成纤维芯钢丝绳	钢芯钢丝绳	纤维芯钢丝绳	钢芯钢丝绳	纤维芯钢丝绳	钢芯钢丝绳	纤维芯钢丝绳	钢芯钢丝绳	纤维芯钢丝绳	钢芯钢丝绳
3	3.16	3.10	3.60	4.34	4.69	4.61	4.99	4.89	5.29	5.17	5.59
4	5.62	5.50	6.40	7.71	8.34	8.20	8.87	8.69	9.40	9.19	9.93
5	8.78	8.60	10.0	12.0	13.0	12.8	13.9	13.6	14.7	14.4	15.5
6	12.6	12.4	14.4	17.4	18.8	18.5	20.0	19.6	21.2	20.7	22.4
7	17.2	16.9	19.6	23.6	25.5	25.1	27.2	26.6	28.8	28.1	30.4
8	22.5	22.0	25.6	30.8	33.4	32.8	35.5	34.8	37.6	36.7	39.7
9	28.4	27.9	32.4	39.0	42.2	41.6	44.9	44.0	47.6	46.5	50.3
10	35.1	34.4	40.0	48.2	52.1	51.3	55.4	54.4	58.8	57.4	62.1
11	42.5	41.6	48.4	58.3	63.1	62.0	67.1	65.8	71.1	69.5	75.1
12	50.5	50.0	57.6	69.4	75.1	73.8	79.8	78.2	84.6	82.7	89.4
13	59.3	58.1	67.6	81.5	88.1	86.6	93.7	91.8	99.3	97.0	105
14	68.8	67.4	78.4	94.5	102.	100	109	107	115	113	122
16	89.9	88.1	102	123	133	131	142	139	150	147	159
18	114	111	130	156	169	166	180	176	190	186	201

续表

钢丝绳公称直径/mm	参考重量/(kg/100m)			钢丝绳公称抗拉强度/MPa							
				1570		1670		1770		1870	
				钢丝绳最小破断拉力/kN							
	天然纤维芯钢丝绳	合成纤维芯钢丝绳	钢芯钢丝绳	纤维芯钢丝绳	钢芯钢丝绳	纤维芯钢丝绳	钢芯钢丝绳	纤维芯钢丝绳	钢芯钢丝绳	纤维芯钢丝绳	钢芯钢丝绳
20	140	138	160	193	208	205	222	217	235	230	248
22	170	166	194	233	252	248	268	263	284	278	300
24	202	198	230	278	300	295	319	313	338	331	358
26	237	233	270	326	352	346	375	367	397	388	420
28	275	270	314	378	409	402	435	426	461	450	487
30	316	310	360	434	469	461	499	489	529	517	559
32	359	352	410	494	534	525	568	557	602	588	636
34	406	398	462	557	603	593	641	628	679	664	718
36	455	446	518	625	676	664	719	704	762	744	805
38	507	497	578	696	753	740	801	785	849	829	896
40	562	550	640	771	834	820	887	869	940	919	993
42	619	607	706	850	919	904	978	959	1040	1010	1100
44	680	666	774	933	1010	993	1070	1050	1140	1110	1200
45	743	728	846	1020	1100	1080	1170	1150	1240	1210	1310

4. 滑轮和滑轮组的分类、选配原则和使用注意事项

（1）滑轮的构造和分类

1）钢丝绳的构造草图如图 4-28 所示，这是一只定滑轮，它有吊钩、滑轮、中央枢轴、横杆和夹板等组成。

2）滑轮的分类

① 按制作材料分有木滑轮和钢滑轮；

② 按使用方法分有定滑轮、动滑轮以及动、定滑轮组成的滑轮组；

③ 滑轮数量多少分有单滑轮、双滑轮、三轮、四轮以及多轮等；

④ 其作用分有导向滑轮、平衡滑轮；

⑤ 连接方式分有吊钩式、链环式、吊环式和吊梁式等，如图 4-28 所示。

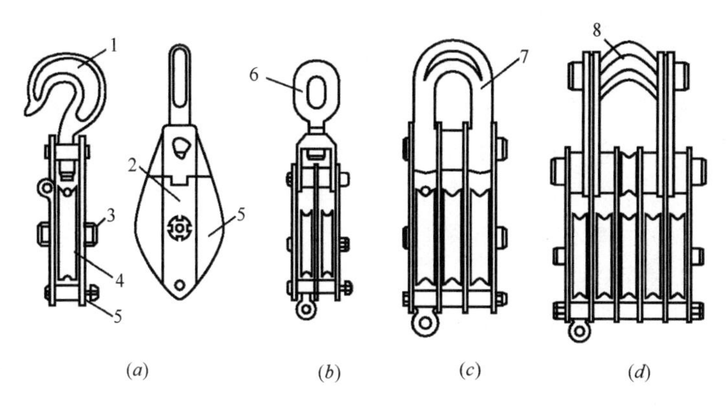

图 4-28　滑轮

(a) 单门开口吊钩型；(b) 双门闭口链环型；(c) 三门闭口吊环型；(d) 三门吊梁型

1—吊钩；2—拉杆；3—轴；4—滑轮；5—夹板；6—链环；7—吊环；8—吊梁

（2）滑轮的作用

1）定滑轮是用作支持绳索运动的，通常作为导向滑轮和平衡滑轮使用，它能改变绳索的受力方向，而不能改变绳索的速度，也不能省力；

2）使用动滑轮时，因设备或构件有两根绳索分担，所以每根钢绳所分担的力，只是设备或构件等重物质量的50%；

3）导向滑轮也叫开门滑轮，也同定滑轮一样，既不省力，也不能改变速度，只能改变钢丝绳的走向；

4）滑轮组具有动、定两种滑轮的特点，既可以改变力的方向，又能省力。

（3）选配滑轮的原则

1）选用滑轮时，应首先熟悉其使用说明书；

2）设备或构件的质量和提升高度是选配滑轮组的重要依据；

3）在卷扬机的牵引力一定时，滑轮组的数量越多，速比就越大，起吊能力也就越大；

4）提升设备或构件时，卷扬机要克服全部滑轮的阻力才能工作，而下降时则相反；

5）滑轮组采用双跑头牵引时，可以克服滑轮的偏斜，较少滑轮组的运动阻力，吊装速度加快，并能提高牵引量；

6）滑轮作为导向滑轮时，滑轮的吨位应比钢丝绳牵引力大1倍，如钢丝绳拉力为5t时，则应用10t滑轮。

（4）滑轮的材质和系列

1）滑轮的材质

① 滑轮的材质有铸铁、球墨铸铁和铸钢等；

② 铸铁滑轮加工比较容易，对钢丝磨损较小，但强度低，脆性大；

③ 球墨铸铁滑轮强度高，加工性能好，有韧性，不易破损；

④ 铸钢滑轮主要由于吊装大型设备等起重量大的地方，它韧性好，强度高，但表面硬度高，制作成本高。

2）滑轮系列

H型系列是常用的滑轮系列，该系列有14种吨位，11种直径，17种结构形式，共103个规格，具体见表4-10。

H 系列滑轮代号一览表 **表 4-10**

滑轮型式 \ 滑轮代号			滑轮吨位													
			0.5	1	2	3	5	8	10	16	20	32	50	80	100	140
单轮	开口	桃型 吊钩	H0.5× $1K_BG$	H1× $1K_BG$	H2× $1K_BG$	H3× $1K_BG$	H5× $1K_BG$	H8× $1K_BG$	H10× $1K_BG$	H16× $1K_BG$	H20× $1K_BG$					
		桃型 链环	H0.5× $1K_BL$	H1× $1K_BL$	H2× $1K_BL$	H3× $1K_BL$	H5× $1K_BL$	H8× $1K_BL$	H10× $1K_BL$	H16× $1K_BL$	H20× $1K_BL$					
	闭口	吊钩	H0.5× 1G	H1× 1G	H2× 1G	H3× 1G	H5× 1G	H8× 1G	H10× 1G	H16× 1G	H20× 1G					
		链环	H0.5× 1L	H1× 1L	H2× 1L	H3× 1L	H5× 1L	H8× 1L	H10× 1L	H16× 1L	H20× 1L					
双轮	闭口	吊钩		H1× 2G	H2× 2G	H3× 2G	H5× 2G	H8× 2G	H10× 2G	H16× 2G	H20× 2G					
		链环		H1× 2L	H2× 2L	H3× 2L	H5× 2L	H8× 2L	H10× 2L	H16× 2L	H20× 2L					
		吊环		H1× 2D	H2× 2D	H3× 2D	H5× 2D	H8× 2D	H10× 2D	H16× 2D	H20× 2D	H32× 2D				
三轮		吊钩				H3× 3G	H5× 3G	H8× 3G	H10× 3G	H16× 3G	H20× 3G					
		链环				H3× 3L	H5× 3L	H8× 3L	H10× 3L	H16× 3L	H20× 3L					
		吊环				H3× 3D	H5× 3D	H8× 3D	H10× 3D	H16× 3D	H20× 3D					
四轮		吊环						H8× 4D	H10× 4D	H16× 4D	H20× 4D	H32× 4D	H50× 4D			

续表

滑轮型式 \ 滑轮代号				滑轮吨位													
				0.5	1	2	3	5	8	10	16	20	32	50	80	100	140
五轮	闭口	吊环										H20×5D	H32×5D	H50×5D	H80×5D		
五轮	闭口	吊梁											H32×5W	H50×5W	H80×5W		
六轮	闭口	吊环											H32×6D	H50×6D	H80×6D	H100×6D	
七轮	闭口	吊环													H80×7D		
八轮	闭口	吊环														H100×8D	H140×8D
八轮	闭口	吊梁														H100×8W	H140×8W

滑轮标记形式 H △ × △ □

- □ ——型式代号
- △（第二个）——滑轮轮数(用×分开)
- × ——额定起重量以“吨”数表示
- H △ ——起重滑轮代号

型式代号

型式	开口	吊钩	链环	吊环	吊梁	桃式开口	闭口
代号	K	G	L	D	W	Kg	不加K

（5）滑轮使用注意事项

1）使用前的检查

使用前检查滑轮槽、轮轴、夹板、吊钩、调换等部位进行检查，查看是否有裂纹、破损、变形等缺陷，轴的定位装置是否正确，槽轮是否光滑，开口滑轮的夹板是否关牢，润滑是否良好等。

2）滑轮的使用

① 严格按照滑轮和滑轮组产品的载重符合使用，不允许超载；

② 注意检查有无卡绳和擦绳，滑轮轮轴不在水平状态运行工作时，要及时进行调整；

③ 滑轮组起吊重物时，定滑轮和动滑轮间距不应小于滑轮直径的5倍。

3）滑轮的选择

① 吊运中受力方向变化大和高处作业场所，禁止使用吊钩型滑轮，要使用吊环型滑轮；

② 若用多门滑轮而仅使用其中几门时，应按滑轮门数比例降低起重重量，以确保安全；

③ 滑轮组一般来说，滑轮门数越多，炮声拉力越小，但阻力增大而效率降低。

4）滑轮的维护保养

① 对滑轮易损件，如当滑轮轴磨损超过轴颈的2%时，应予报废更换；

② 滑轮用后要刷洗干净，并擦油保养，转动部分要经常润滑，保管在干燥处。

五、通风管道及部件加工制作

（一）风管展开放样

1. 基本要求

风管展开放样一般是画出风管展开图，再按图制作。画展开图一般在平台上进行，对于较常用的管件和部件，可用薄钢板或油毛毡制成样板，样板制出后，必须在上面注明名称、规格及其他有关标记，以防止在使用中发生差错。对于单一的管件或部件，可以直接在所需厚度的板材上画展开图并进行下料，而不必在平台上根据展开图制作样板。

通风管件和部件在制作过程中，必然要涉及对展开时的板厚和咬口、装设法兰的裕量如何处理的问题。这些问题在展开下料时如果处理不当，就会造成零件外形尺寸不准确，甚至无法使用。

（1）板厚的处理

通风管道和管件尺寸的标注，矩形风管以外边尺寸计算，圆形风管以外径尺寸计算。通风管道采用的薄钢板、镀锌钢板或铝板、不锈钢板，厚度一般在 0.5～2mm 范围内，展开后对尺寸影响很小，因此展开放样时可以忽略不计。但对于有特殊要求的厚壁风管和部件，其板壁厚度大于 2mm 时，必须考虑板壁厚度的影响，即对于圆形风管的展开下料，计算直径时应以中径（外径减壁厚或内径加壁厚）为准。对于矩形风管，仍按风管外边尺寸计算展开。

（2）展开下料裕量

展开下料中关键环节是做好咬口裕量和装配法兰裕量的预

留。在进行薄板风管、管件及部件的展开下料时，必须考虑薄板的连接方式和风管、管件及部件的接口是否装配法兰，以便展开下料时留出一定的裕量。

风管和管件如采用咬口连接，应根据咬口加工方式（手工加工或机械加工）和咬口形式来考虑预留咬口裕量，机械咬口比手工操作咬口的预留量要大一些，咬口裕量分别留在板料的两边，而且两边的裕量是不一样的。见表 5-1。

对于预留咬口裕量没有把握时，可按咬口形式进行试验，以确定适当的咬口裕量。金属薄板风管接合处采用焊接时，应根据焊缝形式，留出指接量和板边量。

风管、管件法兰时，应在管端留出相当于法兰所用角铜的宽度与翻边量（约 10mm）之和的裕量。

咬口裕量（单位：mm） **表 5-1**

板材厚度	收工操作咬口						机械咬口					
	平咬口		角咬口		联合角咬口		平咬口		接口式咬口		联合角咬口	
0.5～0.7	12	6	12	6	21	7	24	10	31	12	30	7
0.8	14	7	14	7	24	8	24	10	31	12	30	7
1～1.2	18	9	18	9	28	9	24	10	31	12	30	7

2. 平行线展开法

平行线展开法是利用足够多的平行素线，将其需要展开的物体表面划成足够多的小平面梯形或小平面矩形（近似平面），当把这些小梯形或小矩形依次地摊平开来，物体表面就被展开了。平行线展开法常用于展开柱体管件的侧表面，如圆形或矩形管件。

（1）方形、矩形风管弯头的展开

如图 5-1（*a*）所示是一个直角方管弯头。只要截取展开图上 1、2、3、4、1 的底边长度等于下口断面 1、2、3、4、1 的周长，展开图上 1-1 、2-2、3-3、4-4 的高度等于主视图上 1-1、2-

2、3-3、4-4 各棱的高度，展开图即可做出，如图 5-1（*b*）所示。另一部分也是一样的。

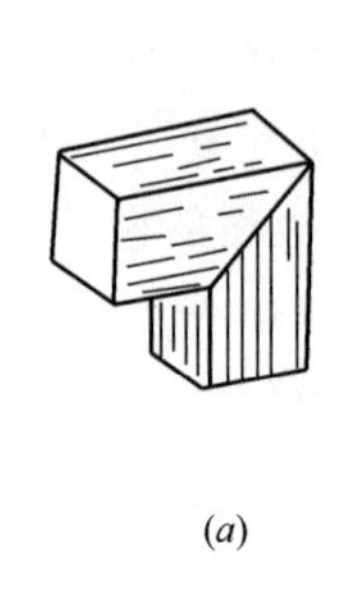

(*a*)

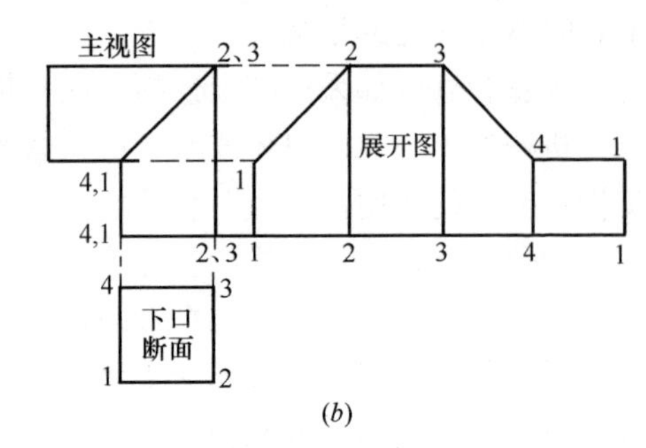

(*b*)

图 5-1　直角方管弯头的展开

（*a*）直角方管弯头；（*b*）展开图

（2）圆形直角弯头的展开

1）先画出圆形直角弯头的主视图和俯视图，俯视图可以只画成半圆，如图 5-2 所示。

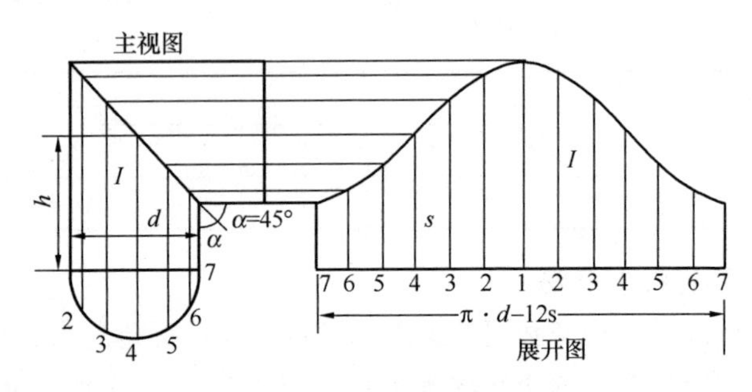

图 5-2　圆形直角弯头的展开

2）将视图的圆周 12 等分，即半圆 6 等分（等分越多越精确），得分点 1、2、3、…、7。

3）通过等分点向上引主视图中心的平分线，并与斜口线相交。

4）将主视图的圆周展开，也分为 12 等分，并通过等分点作垂直线，与主视图斜口各点引出的平行线相交，用圆滑曲线连接各相交点，就完成了展开图。

多节圆形弯头的展开，也可称为一种大小圆的简单方法，画展开图。如图 5-3 所示，采用弯头里、背的高差为直径画小半圆弧，并 6 等分，从各等分点引水平线与展开图底边各垂直等分线相交，连接各相交点为圆滑曲线，即为展开图。

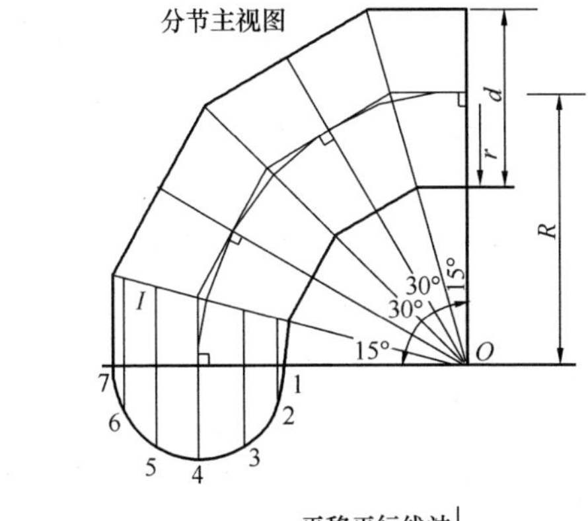

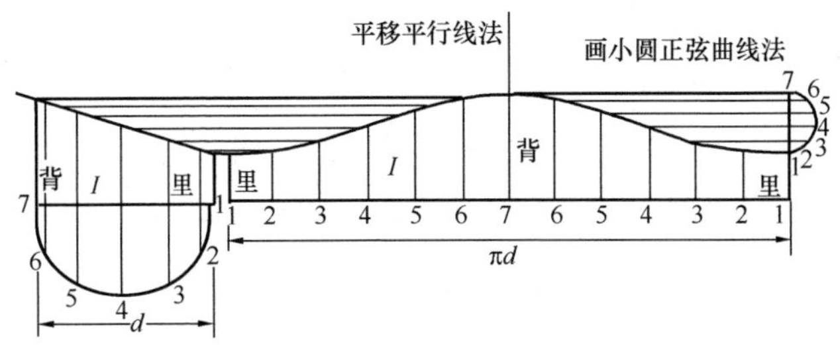

图 5-3　大小圆法对任意角弯头的展开

(3) 等径圆三通管的展开

如图 5-4 (*a*) 所示是等径圆三通管的实形，其展开步骤有以下几点。

1) 按实形 (*a*) 作主视图 (*b*)。

2) 作结合线。因甲、乙两圆管是等径的，可用内切球体法求得它们的结合线是两条平面曲线，在主视图 (*b*) 上是一条折线。

3) 作甲圆管的展开图。第一，将甲圆管的圆周 16 等分，图

5-4（b）上是 8 等分，过每一等分点向相贯线引平行素线，并与它相交。第二，将甲圆管沿一素线切开平摊在主视图右侧，并按圆周的等分划平行素线。第三，过结合线的交点向图 5-4（d）引平行素线分别与他上面的平行素线相交。第四，用平滑曲线依次连接图 5-4（d）的交点，得到甲圆管的展开图 5-4（d）

4）作乙圆管的展开图，第一，作乙圆管的右视图 5-4（c），同样将其圆周 16 等分。第二，将乙圆管沿一条线索切开平摊在主视图下，如图 5-4（e）所示，并用平行线将其 16 等分。第三，过结合线上的交点向图 5-4（e）引平行素线，并与其上的平行素线分别相交。第四，在图 5-4（e）上用平滑曲线依次连接各交点，便得到乙圆管的展开图，即图 5-4（e）。

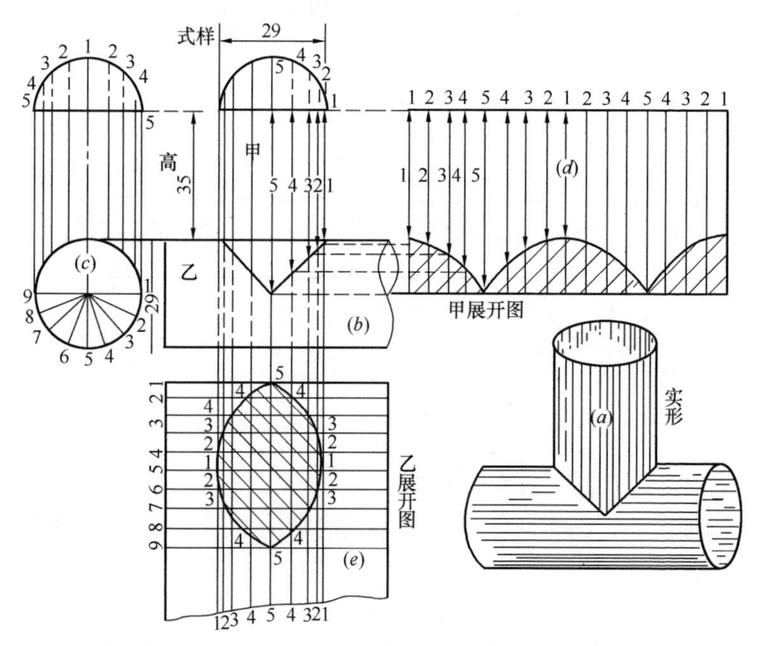

图 5-4　等径圆三通管的展开

（a）等图三通管实形；（b）主视图；（c）右视图；（d）甲管展开图；（e）乙管展开图

按上述方法也可以进行等径圆四通管的展开。

(4) 等径斜三通管的展开

如图 5-5 (*a*) 所示是等径斜三通管的实行，画展开图的步骤有以下几点。

1) 根据实体如图 5-5 (*a*) 所示作其投影图 (*b*)。

2) 求结合线。因为是两个等径圆管相交，相贯线是两段平行曲线，反应在主视图上的一条折线，如图 5-5 (*b*) 所示。

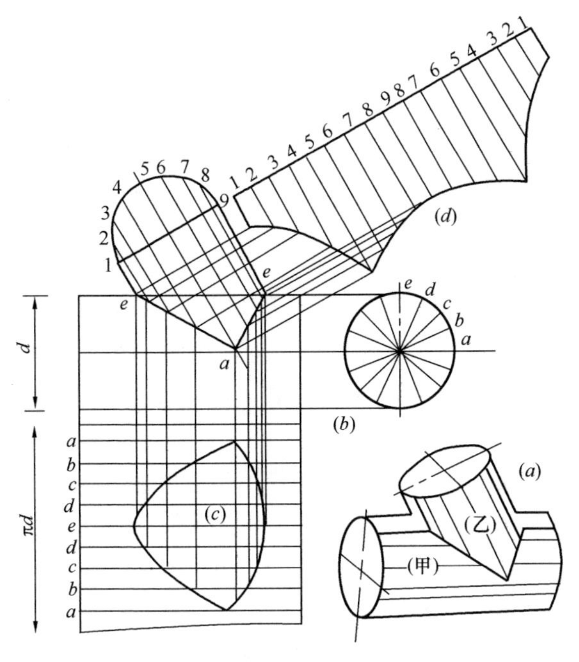

图 5-5 等径斜三通管的展开

(*a*) 等径斜三通管实形图；(*b*) 投影图；(*c*) 甲管展开图；(*d*) 乙管展开图

3) 作上部圆管（甲管）的展开图。第一，在上部管的直径上作半圆，并将其分成 8 等分（则整圆均分成 16 等分），等分点分别为 1、2、3、4、5、6、7、8、9，延长线段 1-9，并在延长线上取一线段等于上部圆管的周长，将其 16 等分，得分点 1、

2、3…3、2、1，过每一等分点作 9—e 的平行线。第二，过上部圆管半圆上的等分点作 9—e 的平行线分别与相贯线 e—a—e 相交，再过每一交点作 1—9 的平行线，分别与图 5-5（d）的平行线相交，用平滑曲线依次连接各交点，则得到上部圆管的展开图，如图 4-5（d）所示。

4）作下部圆管（乙管）的展开图。第一，下部圆管的左视图是一个圆，如图 5-5（b）所示。将它分成 16 等份，用 a、b、c、d，e 分别代表各等分点。将圆管水平切开平铺在主视图下，分别过 a、b，c、d、e 等作平行线。第二，在下部圆管左视图上，分别过 a、b，c、d、e 作 e—e 的平行线与 V 形相贯线 e—a—e 的两侧相交，再过每一交点向下引平行线分别与图 5-5（c）上的水平平行线相交，用平滑曲线依次连接各交点，便得到下部圆管的展开图。

（5）异径斜三通的展开

图 5-6（a）是异径斜三通的实形，从图中可知主管外径为 D、支管外径为 $D1$，支管与主管轴线的交角为 a。要画出支管的展开图和主管上开孔的展开图，要先求出支管与主管的结合线。

结合线用图 5-6（b）所示的作图步骤可求得。

1）先画出异径斜三通的立面图与侧面图，在该两图的支管端部各画半个圆并 6 等分，等分点标号为 1、2、3、4、3、2、1。然后在立面图上通过各等分点作平行于支管中心线的斜直线，同时在侧面图上通过各等分点向下作垂线，这组垂线与主管圆周相交，得交点 1°、2°、3°、4°、3°、2°、1°。

2）过点 1°、2°、3°、4°、3°、2°、1°向左分别引水平线，使之与立面图上支管斜平行线相交，得交点 $1'$、$2'$、$3'$、$4'$、$5'$、$6'$、$7'$。将这些点用光滑曲线连接起来，即为异径三通的接合线。

求出异径斜三通的结合线后，再按照图 5-6（b）所示的方法，即可画出支管和主管（开孔）的展开图。

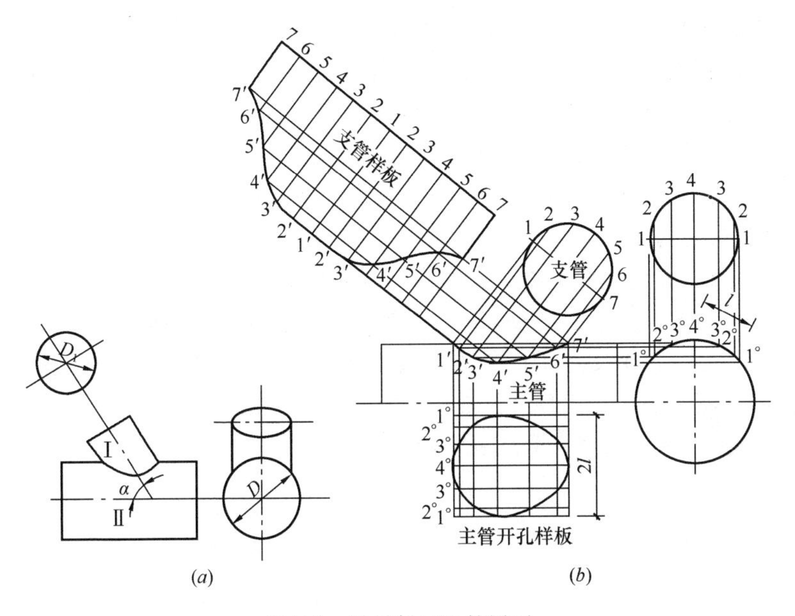

图 5-6　异径斜三通的展开

（a）异径斜三通实形；（b）局部展开图

3. 放射线展开法

如果制件表面是由交于一点无数条斜素线构成的，可采用放射法进行展开。放射线展开法主要适用于锥体侧表面及其载体的展开，如伞形吸气罩，伞形风帽和锥形风帽、圆锥形散流器等。因为锥体侧表面是由一组汇交于一点的直素线构成的，因此，可利用足够多的素线将其侧表面划分为足够多的小平面三角形（近似平面），当这些小平面三角形依次摊平在一个平面上时，则得到这个壳体侧表面的展开图。

（1）放射线展开的一般步骤

1）先画出平面图和立面图，分别表示周长和高。

2）将周长分为若干等分，从各等分点向立面图底边引垂线，并表示出它们的位置和交点连接的长度。

3）再以交点为圆心，以斜线的长度为半径，作出与平面图周长等长的弧。在弧上划出各等分点，把各等分点于交点（圆心）相连接。根据各等分点在立面图上的实长为半径，在其对应的连线上截取，连接各截点即构成展开圆。

（2）正圆锥体的展开

图 5-7 所示为正圆锥体的放射线法展开，作展开图的步骤有如下几点。

1）在俯视图上将圆锥的底部圆周分成 12 等份。

2）过圆锥底部圆周各分点向主视图引垂线，与底部圆周投影相交，将个交点于正圆锥顶点“O”连接。这样，在主视图和展开图上都相应出现一组放射线 O—1，O—2…O—12，见图 5-7（b）。正圆锥的展开图是一个扇形。

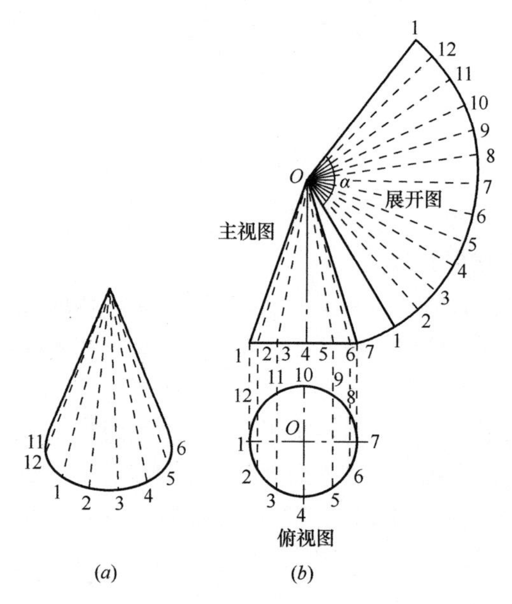

图 5-7　正圆锥的放射线法展开

（a）正圆锥；（b）展开图

展开图上的个弧 12，23…的长度等于俯视图上相应的 12，23…的弧长，展开图上的 O—1，O—2…O—12 各线段长相等，即等于主视图上的斜边 O—7 或 O—1 线段的长度。主视图上 O—2，O—3…O—6 未反映圆锥体侧面上相应线段的实长，而比实长短了，这是因为倾斜线投影的缘故。

3）实际工作中，对于正圆锥壳体的展体；可以省略俯视图；只要以任一点 O 为圆心；以主视图上轮廓线为半径作扇形；扇形的弧长等于圆锥底面圆周长；这个扇形则是圆锥体的展开图；扇形圆心角 a 的计算公式如下：

$$a = 180° \frac{D}{R}$$

式中 D——圆锥底圆直径；

R——主视图上的轮廓线。

（3）斜口圆锥的展开

图 5-8 所示为斜口圆锥的展开图和俯视图，其展开步骤有如下几点。

1）先画出斜口圆锥的主视图和俯视图，以表示出高和周长。

2）将周长分为若干等分，并将各分点向主视图底边引垂线，示出它们的位置和交点连接的长度。

3）将主视图两边向上延长，得交点 O，再以交点 O 为圆心，以斜边长度为半径，作出与底部周长等长的圆弧。同时，划出各分点，把各分点与交点相连接。在根据各分点在主视图上实长为半径，在各分点对应的连线上截取，连接各截点为一条圆滑的曲线，即为斜口圆锥的展开图。

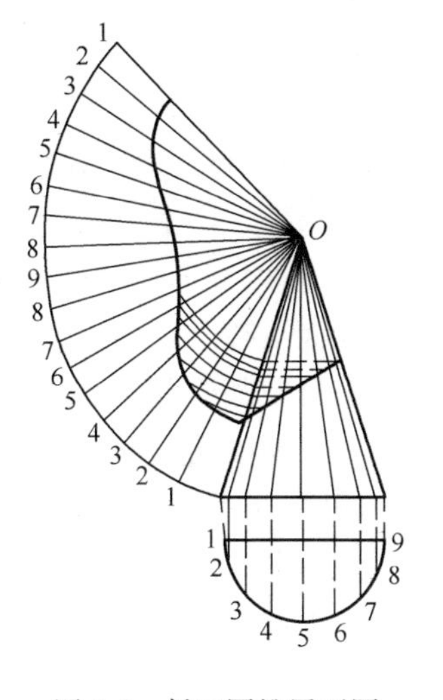

图 5-8 斜口圆锥展开图

（二）材 料 矫 正

通风与空调工程使用的钢材，如存在不平整、弯曲、扭曲、波浪等缺陷，对钢材下料制作加工管道和部件，以及组装成半成品或成品的质量，都会有一定的影响。因此，在制作加工管道和部件之前，对使用的板材、型钢等存在的缺陷，要仔细进行矫正处理，以保证其质量。

钢材的矫正处理方法有：手工矫正、机械矫正、加热矫正等。

1. 手工矫正

（1）板材的矫正

1）对板材凸起处的矫正，一般是用手锤击打周围处，从四周向凸起部分锤击，锤点由里向外密度加大，锤击力也逐渐加大，使凸起部分慢慢消失。对于薄钢板几个相邻凸起处，应在凸起的相交处进行轻轻锤击，使其连成一片，再锤击四周即可消除。

2）对板材波浪形缺陷矫正，主要从四周向中间捶打，锤击点逐渐增加，锤击力越来越大，最终使波浪形消失而归于平整。

3）弯曲变形的修整，要从未翘起处的对角线进行敲击，使其延伸而平整。对于铝板还可用橡胶带拍打周边，再用橡胶锤或铝锤敲打中部即可整平。

（2）型钢的矫正

1）角钢弯曲、变形的处理。角钢外弯时，放在钢圈上，弯曲凸处向上用锤击，产生反向弯曲而纠正；同样内弯使背面朝上立放锤击即可调直。角钢扭曲可在虎钳上用扳手修整。角钢变形在三角铁和平台上进行调直。

2）扁钢弯、扭曲的矫正。扁钢弯曲用锤击法使其平直。扭曲可固定在虎钳上用扳手反向扭转纠正。

3）槽钢的修整。对于槽钢立弯，将其放在平台上，凸部向上，锤击凸部腹板，对于旁弯可放在两根平行圆钢制成的平台上，锤击翼板；槽钢扭曲的校正，是将其放在平台上，将扭曲部伸出，将槽钢本体固定后进行锤击，使它反方向扭转，慢慢移动，然后调头进行锤击。

2. 机械矫正

主要是用矫正机进行修整，一般使用的矫正机有平板机、型钢矫正机和压力机等、机械矫正效率高，质量有保证。

3. 加热矫正

加热矫正主要是用焊枪对钢材局部变形进行加热烘烤，并进行必要的敲击，使其达到平整的要求。对于板材中间凸起处可将其固定在平台上，用点状加热法（即用焊枪在板材上加热许多点）或采取线状加热（将凸起处加热成一条线）法，先在凸起处周围，再逐步缩小面积，即可修整好。对波浪形缺陷的处理，可用线状加热法，先从波浪形两侧平处开始，向其围拢，加热线的长度为板宽的一半左右，距离为50～200mm。

（三）风管及部件制作连接

1. 风管连接

在风管与部件的制作过程中，其连接方法有：咬接、铆接和焊接。咬接方法使用比较普遍。

（1）咬接

它适用于1.2mm以下的薄钢板。咬接又有手工和机械咬接两种方法。手工咬口是用硬木方或木槌将划线的薄板在工作台上折曲合口后打实咬口。如板材要延展板边可用手锤操作。机械咬口是通过各种形式的折边机、咬口机、压口机、合缝机通过滚轮进行咬口压实。机械咬口效率高，质量好。

咬口的几种型式：常用的有横向单咬口、单（立）咬口、转角咬口、联合角咬口及按扣式咬口等。

1）横向单咬口

如图5-9所示横向单咬口，它适用于板材连接和圆风管闭合咬接。它的咬口宽度一般为6～10mm。咬口操作方法按图5-9中顺序进行。咬口的裕量，见表5-2。

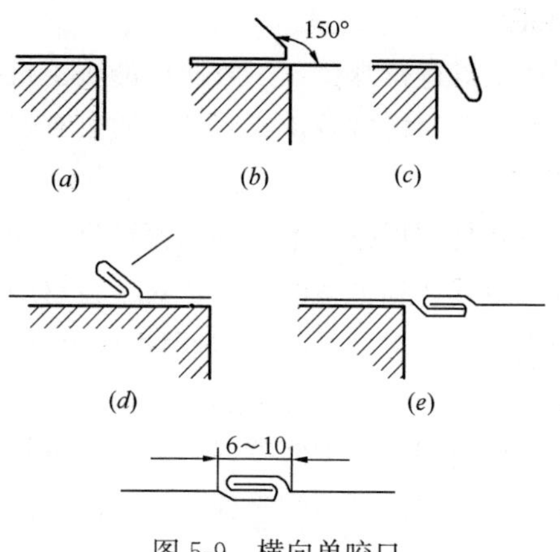

图 5-9　横向单咬口

一个单咬口留量尺寸表（单位：mm）　　**表 5-2**

项次	钢板厚度	咬口厚度	单口留量	双口留量	咬口留量
1	0.5～0.6	6	6	12	18
2	0.7	7	7	14	21
3	0.8～0.9	8	8	16	24
4	1.0～1.2	8～10	8～10	16～20	25～30

注：利用机械方法折边，各种厚度钢板的咬口留量，可根据机械的压积规格，采同一宽度。

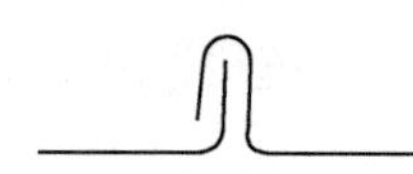

图 5-10　单（立）咬口

2）单（立）咬口

这种咬口方法主要用于圆形弯管和直管短节咬接，如图 5-10 所示。

3）转角咬口

它用于矩形直管的咬接和净化系统中弯管或三通的咬接，如图 5-11 所示。咬接宽度通常为 6～10mm，操作方法，可按图的排列顺序进行。

横向咬口和单（立）咬口的折边尺寸，见表 5-3。

横向咬口、单（立）咬口折边尺寸（单位：mm）　　**表 5-3**

咬口形式	咬口宽	折边尺寸		咬口形式	咬口宽	折边尺寸	
		第一块钢板	第二块钢板			第一块钢板	第二块钢板
单（立）咬口	8	7	14	横向咬口	8	7	6
	10	8	17		10	8	7
	12	10	20		12	10	8

4）联合角咬口

这种咬口形式适用于矩形风管、弯管、三、四通管的咬接，如图 5-12 所示。它的操作程序按图中的排列顺序进行。

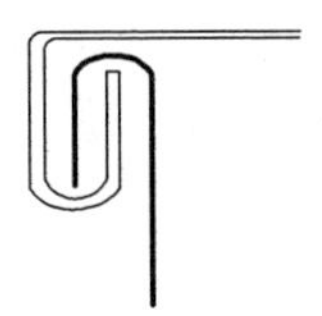

图 5-11　转角咬口

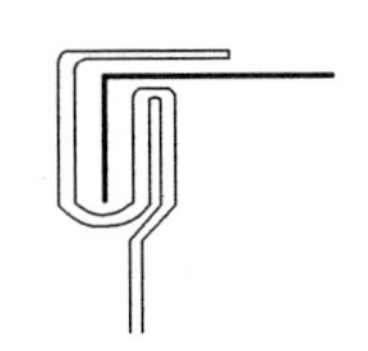

图 5-12　联合角形咬口

5）按扣式咬口

它主要用于矩形风管、弯管、三通、四通管。按扣式咬口如图 5-13 所示。

（2）铆接

铆接主要适用于板厚或法兰与风管的连接，铆接操作时，先划线，定位置，然后钻孔，再进行铆接。铆钉直径的选择，一般为直径的 2 倍，长度约为 2 倍板厚加 2 倍铆钉直径。铆钉间距应按不同系统的要求来确定。铆钉要与平面垂直。铆实且排列要整齐美观。

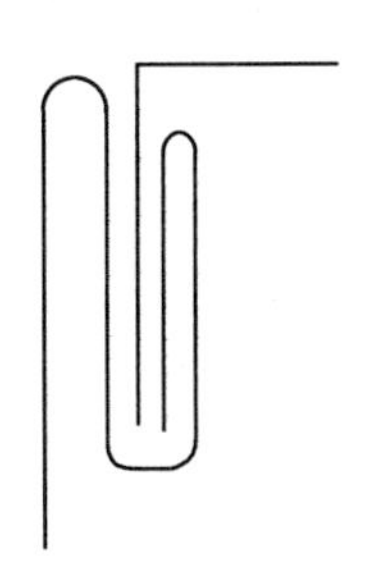

图 5-13　按扣式咬口

（3）焊接

风管与部件的加工制作也可以采用焊接连接。

焊缝形式有很多种，如板材的连接缝、横向缝、纵向闭合缝可采用对接缝焊法；矩形风管，部件纵向闭口缝、弯头、三通转角缝等，可用角缝焊法；搭接、板边缝及搭接板边角缝适用于较薄板材。焊接方法包括电焊、气焊、点焊、缝焊、锡焊等。

1）电焊

它适用于板厚1.2mm以上风管和部件的焊接。其特点是焊接速度快，变形较小。缺点是板材较薄时，容易烧穿。焊接操作时，应将被焊件表面清理干净，焊接处留0.5～1mm间隙，焊时焊件对齐，点焊几处后，进行满焊。为了防止烧穿，还可采用搭接缝、搭接角缝的焊缝形式进行焊接。

2）气焊

用于较薄板材的焊接。由于它加热面积大，加热时间长，因而焊接表面易变形。这种焊接方法，多在严密性要求较高的情况下采用。

3）点焊和缝焊

主要用在风管的拼接和闭口缝上，它的操作主要是通过电加热和触头的压力将被焊件焊在一起。这两种焊接方法工效，焊件表面平整，不变形，焊缝严密且牢固。

4）锡焊

锡焊一般用在风管部件翻边、咬口处不严密时，用锡焊来处理，但也有的部位要求进行锡焊的。锡焊用的电烙铁的形状，大小应根据焊接处的要求来选择。操作时，先将烙铁镀上锡，加热后，将其表面处理干净，再放入氯化锌溶液中浸一下，再蘸上锡，焊时温度要合适，每次加热时，都应在溶液中浸一下，以保持其清洁，焊件也要清理干净，再涂上氯化锌溶液，焊接时，可先点焊后再连续焊，以保证锡焊质量，焊缝处要紧实，从而确保其强度。

2. 风管制作工艺流程

（1）工艺流程

1）咬口连接工艺流程

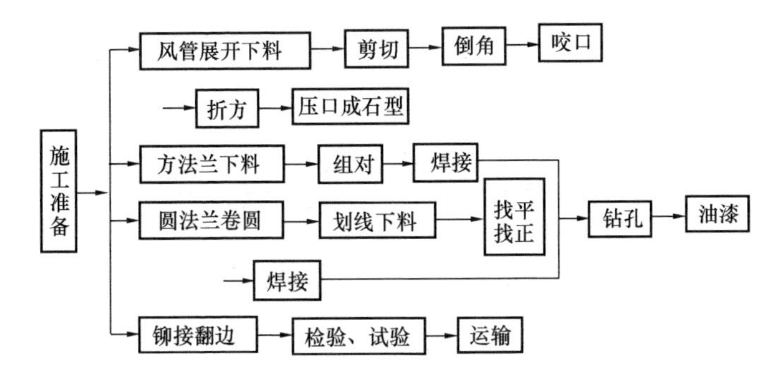

2）焊接连接工艺流程

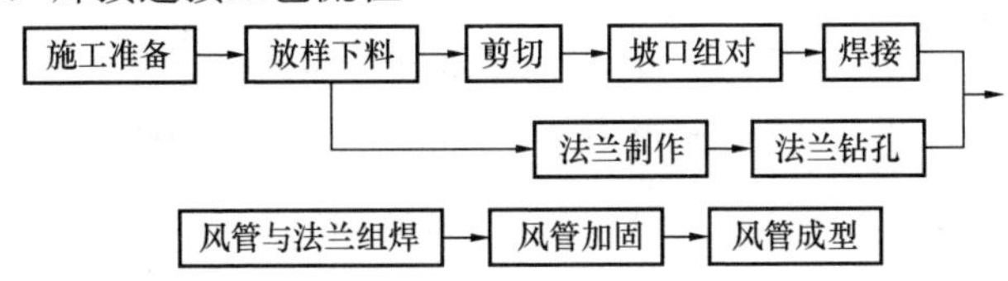

（2）施工工艺

1）展开下料

① 风管尺寸的核定。根据设计要求、图纸会审纪要，结合现场实测数据绘制风管加工草图，并标明系统风量、风压测定孔的位置。

② 风管展开。依照风管施工图（或放样图）把风管的表面形状按实际的大小铺在板料上，展开方法有三种，即平行线展开法、放射线展开法和三角形展开法。

2）剪切、倒角

① 板材剪切前必须进行下料复核，复核无误后按划线形状进行剪切。

② 板材下料后在压口之前，必须用倒角机或剪刀进行倒角，倒角形状如图 5-14 所示。

3）板材拼接

① 板材的拼接和圆形风管的闭合咬口可采用单咬口；矩形风管或配件的四角组合可采用转角咬口、联合角咬口、按扣式咬口；圆形弯管的组合可采用立咬口。如图 5-15 所示。

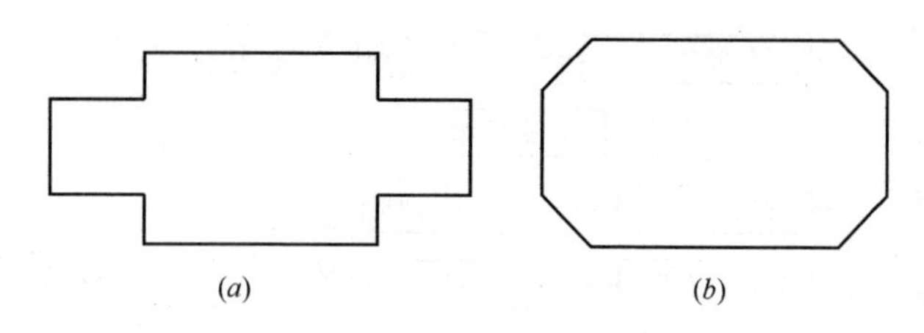

图 5-14　倒角形状示意图
（a）机械倒角；（b）手工倒角

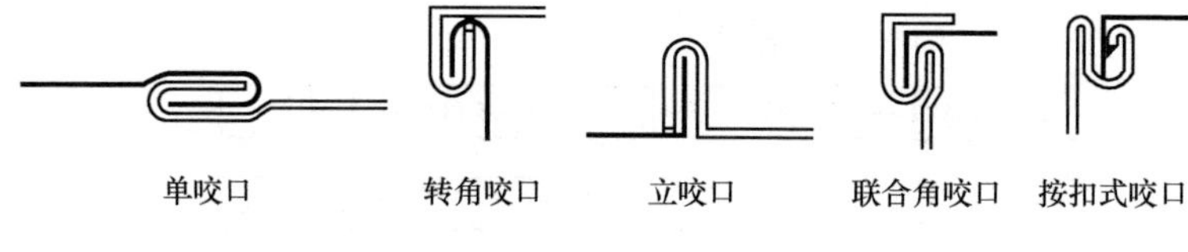

图 5-15　咬口形式示意图

② 咬口宽度和留量根据板材厚度而定，应符合表 5-4 的要求。咬口留意的大小、咬口宽度和重叠层数同使用机械有关。对单咬口、立咬口、转角咬口在第一块板上等于咬口宽，而在第二块板上是两倍宽，即咬口留量就等于三倍咬口宽；联合角咬口在第一块板上为咬口宽，在第二块板上是三倍咬口宽，咬口留量就是等于四倍咬口宽度。

咬口宽度（单位：mm）　　　　**表 5-4**

咬口形式	板　厚		
	0.5～0.7	0.7～0.9	1.0～1.2
单咬口	6～8	8～10	10～12
立咬口	5～6	6～7	7～8
转角咬口	6～7	7～8	8～9
联合角咬口	3～9	9～10	10～11
按扣式咬口	12	12	12

③ 制作圆风管时，将咬口两端拍成圆弧状放在卷圆机上圈圆，操作时，手不得直接推送钢板。

④ 折方或卷圆后的钢板用合缝机或手工进行合缝。操作时，用力均匀，不宜过重。咬口缝结合应紧密，不得有胀裂和半咬口现象。

4）法兰加工

① 法兰用料选择，应满足表 5-5 要求。

法兰用料规格（单位：mm） **表 5-5**

钢制法兰					不锈钢和铝制圆形、矩形法兰		
圆法兰（D）	规格	长法兰（长边 b）	规格	法兰	规格		
					不锈钢	铝	
≤140	−20×4	b≤630	L25×3	D 或 L_{max} ≤280	−25×4	−30×6	L30×4
140<D≤280	−25×4	630<b≤1500	L30×3	D 或 L_{max} ≤320～560	−30×4	−35×8	L35×4
280<D≤630	L25×3	1500<b≤2500	L40×3	D 或 L_{max} 630～1000	−35×6	−40×10	
630<D≤1250	L30×4	2500<b≤4000	L50×5	D 或 L_{max} 1120～2000	−40×8	−40×12	
1250<D≤2000	L40×4						

② 矩形风管法兰由四根角钢或扁钢组焊而成，划线下料时应注意使焊成后的法兰内径不能小于风管外径。用切割机切断角钢或扁钢，下料调直后用台钻加工。

A. 中、低压系统的风管法兰的铆钉孔及螺栓孔孔距不应大于 150mm；高压系统风管的法兰的铆钉孔及螺栓孔孔距不应大于 100mm。

B. 净化空调系统，当洁净度的等级为 1～5 级时，不应大于 65 mm；为 6～9 级时，铆钉的孔距不应大于 100mm。

C. 矩形法兰的四角部位必须设有螺孔。

D. 钻孔后的型钢放在焊接平台上进行焊接，焊接时用模具卡紧。

③ 加工圆形法兰时，先将整根角钢或扁钢在型钢卷圆机上卷成螺旋形状。将卷好后的型钢划线割开，逐个放在平台上找平找正，调整后进行焊接、钻孔，孔位应沿圆周均布，使各法兰可互换使用。

5）风管法兰连接

① 风管与法兰铆接前先进行技术质量复核，将法兰套在风管上，管端留出 6～9 mm 左右的翻边量，管中心线与法兰平面应垂直，然后使用铆钉钳将风管与法兰铆固，并留出四周翻边。

② 用钢铆钉，铆钉平头朝内、圆头在外，铆钉规格及铆钉孔尺寸见表 5-6。

风管法兰铆钉规格及铆钉孔尺寸　单位（mm）　表 5-6

类型	风管规格	铆孔尺寸	铆钉规格
方法兰	120～630	ϕ4.5	ϕ4×8
	800～2000	ϕ5.5	ϕ5×10
圆法兰	200～500	ϕ4.5	ϕ4×8
	530～2000	ϕ5.5	ϕ5×10

风管法兰内侧的铆钉处应涂密封胶，涂胶前应清除铆钉处表面油污。

③ 风管翻边应平整并紧贴法兰，应剪去风管咬口部位多余的咬口层，并保留一层余量；翻边四角不得撕裂，翻拐角边时，应拍打为圆弧形；涂胶时，应适量、均匀，不得有堆积现象。

6）风管无法兰连接

无法兰连接风管的接口应采用机械加工，尺寸应正确、形状应规则，接口处应严密。无法兰矩形风管接口处的四角应有固定措施。金属风管无法兰连接可分为圆形风管和矩形风管两大类，其形式有十几种，但按结构原理可分为承插、插条、咬合、薄钢板法兰和混合式连接 5 种。风管无法兰连接与法兰连接一样，应满足严密、牢固的要求，不得发生自行脱落、胀裂等缺陷。

① 承插连接

A. 直接承插连接，如图 5-16 所示。制作风管时，使风管的一端比另一端的尺寸略大，然后插入连接，插入深度大于 30 mm，用拉铆钉或自攻螺钉固定两节风管连接位置，在接口缝内或外沿涂抹密封胶，完成风管段的连接。这种连接形式结构最为简单，用料也最省，但接头刚度较差，所以仅用在断面较小的圆形风管上（低压风管，直径小 700mm）。

B. 芯管承插连接，如图 5-17 所示。利用芯管作为中间连接件，芯管两端分别插入两根风管实现连接，插入深度不小于 20mm，然后用拉铆钉或自攻螺钉将风管和芯管连接段固定，并用密封胶将接缝封堵严密。这种连接方式一般都用在圆形风管和椭圆形风管上。

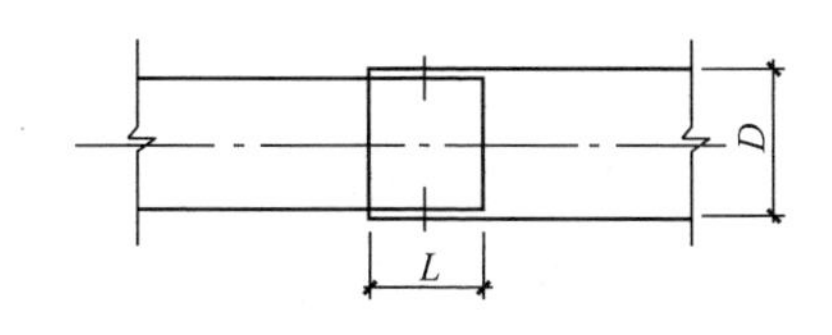

图 5-16　直接承插连接示意图

L—插入深度；*D*—风管直径

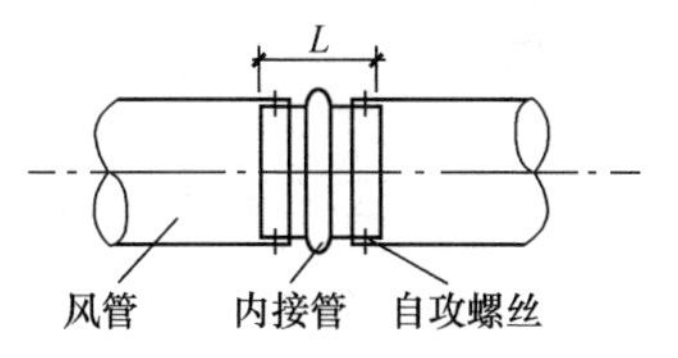

图 5-17　芯管承插连接示意图

L—芯管长度

圆形风管芯管连接应符合表 5-7 的规定。

圆形风管连接芯管规格　　　　表 5-7

风管直径 *D*/mm	芯管长度 *L*/mm	自攻螺栓或抽芯铆钉数量/（个）	外径允许偏差/mm	
			圆管	芯管
120	120	3×2	−1～0	−4～−3
300	160	4×2		
400	200	4×2	−2～0	−4～0
700	200	6×2		
900	200	8×2		
1000	200	8×2		

② 插条链接

A. C 形插条连接，如图 5-18 所示。利用 C 形插条输入端头翻边 180°的两风管连接部位，将风管扣咬达到连接的目的，其中插条插入风管两对边和风管接口相等，另两对边各长 50mm 左右，使这两长边每头翻压 90°，盖压在另一插条端头上，完成矩形风管的四个角定位，并用密封胶将接缝处堵严。这样连接方式多用于矩形风管。

B. S 形插条连接，如图 5-19 所示。利用中间连接件 S 形插条，将要连接的两根风管的管端分别插入插条的两面槽内，四角处理方法同 C 形插条，因 S 形插条风管是轴向插入槽内，故必须采取预防风管与插条轴向分离措施，一般可采用拉铆钉、自攻螺钉固定，或两对边分别采用 C、S 形插条混用的方法。S 形插条均用于矩形风管连接。

图 5-18　风管直角形插条连接示意图　　图 5-19　风管立咬口连接示意图

采用 S、C 形插条连接时，风管最长边尺寸不得大于 630 mm，立咬口小于等于 1000mm。

C. 直角形插条连接，如图 5-20 所示。利用 C 形插条从中间外弯 90°做连接件插入矩形风管主管平面与支管管端的连接。主管平面开洞，洞边四周翻边 180°，翻边后净留孔尺寸刚好等于所连接支管断面尺寸，支管管端翻边 180°，将需连接口对合后，四边分别插入已折 90°的 C 形插条，四角处理同 C 形插条。

③ 咬合连接

A. 立咬口连接，如图 5-21 所示。利用风管两头四个面分别折成一个 90°和两个 90°，形成两个折边或一公一母。连接时，将一公端插顶到母端，然后将模端外折边翻压到公端翻边背后，压紧后再用铆钉每闻隔 200mm 左右铆上一颗。为了堵严并固定四角，在合口时四角各加上一个 90°贴角，全部咬合完后，在咬口接缝处涂抹密封胶。一般都用于矩形风管连接。

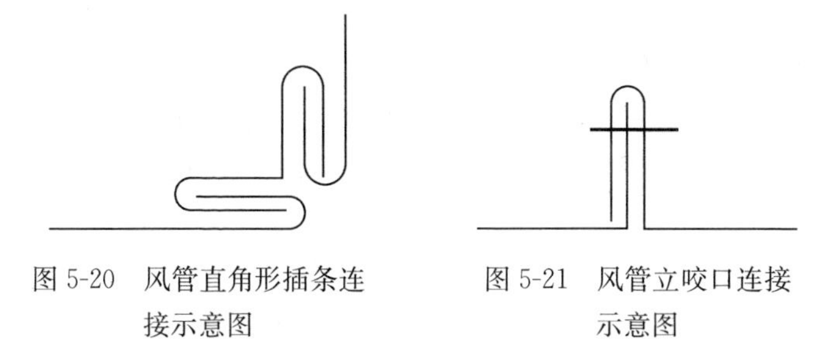

图 5-20　风管直角形插条连接示意图

图 5-21　风管立咬口连接示意图

B. 包边立咬口连接，如图 5-22 所示。利用风管管头四边均翻一个垂直立边，然后利用一个公用包边将连接管头的两翻边合在一起并用铆钉完成紧固。风管连接四角和立咬口连接一样，需做贴角以保证风管四角刚度和密封。全部连接后，接缝处涂抹密封胶。一般都用于矩形风管连接。

④ 薄钢板法兰弹簧夹连接

如图 5-23 所示，矩形风管管端四个面连接的铁皮法兰和风管不是一体，而是专门压制出来的空心法兰条，连接风管管端四个面，分别插到预制好的法兰插条内，插条和风管本体板的固定有的做成铆钉连接，也有的做成倒刺止退形式。风管四角插入90°贴角，以加强矩形风管的四角成型及密封。弹簧夹须用专用机械加工，连接接口密封除插入空心法兰和风管管端平面有密封胶条密封外，两法兰平面也需由密封胶条在连接时加以密封。

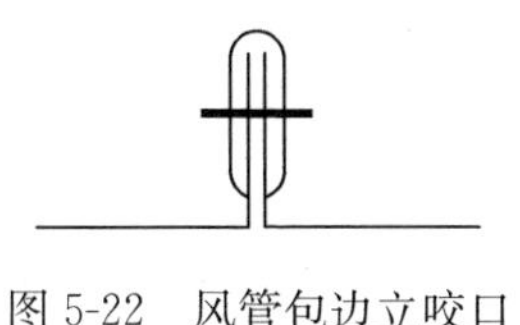

图 5-22　风管包边立咬口连接示意图

图 5-23　风管薄钢板法兰弹簧夹连接示意图

⑤ 混合连接

A. 立联合角插条连接，如图 5-24 所示。利用一立咬平插条，将矩形风管连接两个头，分别采用立咬口和平插的方式连在一起。平插和立咬口连接处，均需用铆钉紧死。风管四角立咬口处加 90°贴角，在平插处靠一对插条，两头长出另两个风管面 20mm 左右，压倒在齐平风管面的插条上，这种连接方式主要是改变平插条接头刚度较低的缺陷。咬口后的连接接缝处均需涂抹密封胶。

B. 铁皮法兰 C 形平插条连接，如图 5-25 所示。这种连接方式是在矩形风管连接管端，利用 C 形插条连接时，在风管端部多翻出一个立面，相当于连接法兰，以增大风管连接处的刚度。在接头连接时，四角须加工成对贴角，以便插条延伸出角及加固风管四角定形。插条最终仍需在四角一头压另一头上去，并在接缝处涂抹密封胶。

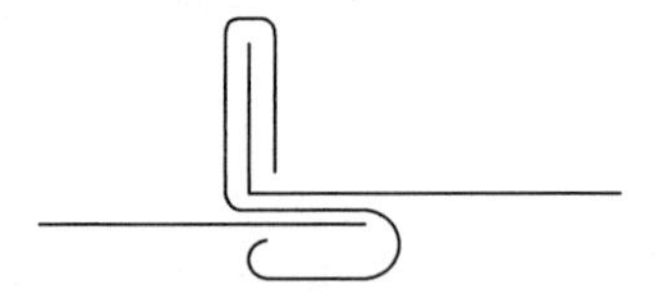

图 5-24　风管立联合角插条连接示意图

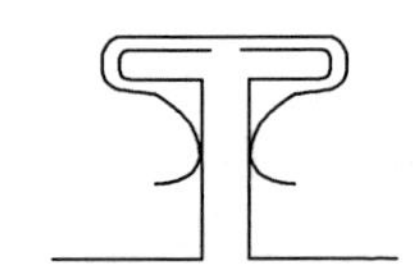

图 5-25　风管薄钢板法兰 C 形平插条连接示意图

7）金属风管的焊接连接

① 当普通钢板的厚度大于 1.2mm，不锈钢板的厚度大于 1.0mm，铝板厚度大 1.5mm 时，可采用焊接连接。

② 制作风管和配件焊接接头的形式，如图 5-26 所示。

③ 碳钢风管焊接。

A. 碳钢板风管宜采用直流焊机焊接或气焊焊接。

B. 焊接前，必须清除焊接端口处的污物、油迹、锈蚀。采用点焊或连续焊缝时，还需清除氧化物。对口应保持最小的缝隙，手工点焊定位处的焊瘤应及时清除。采用机械焊接方法时，电网电压的波动不能超过±10%。焊接后，应将焊缝及其附近区域的电极熔渣及残留的焊丝清除。

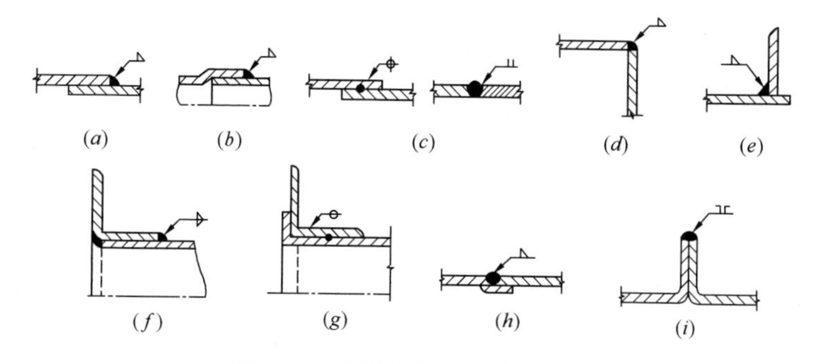

图 5-26　金属风管焊接接头形式

(a) 圆形与矩形风管的纵缝；(b) 圆形风管及配件的环建；(c) 圆形风管法兰及配件的焊接；(d) 矩形风管配件及直缝的焊接；(e) 矩形风管法兰及配件的焊接；(f) 矩形与圆形风管法兰的定位焊；(g) 矩形风管法兰的焊接；(h) 矩形风管法兰的焊接；(i) 风箱的焊接

C. 风管焊缝形式：对接焊缝适用于板材拼接或横向缝及纵向闭合缝；搭接焊缝适用于矩形或管件的纵向闭合缝或矩形弯头、三通的转向缝及圆形、矩形风管封头闭合缝。

④ 不锈钢板风管的焊接。

A. 不锈钢板风管的焊接，可用非熔化极氩弧焊；当板材的厚度大于 1.2 mm 时，可采用直流电焊机反极法进行焊接，但不得采用氧乙炔气焊焊接。焊条或焊丝材质应与母材相同，机械强度不应低于母材。

B. 焊接前。应将焊缝区域的油脂、污物清除干净，以防止焊缝出现气孔、砂眼。清洗可用汽油、丙酮等进行。

C. 用电弧焊焊接不锈钢时，应在焊缝的两侧表面涂上白垩粉，防止飞溅金属黏附在板材的表面，损伤板材。

D. 焊接后，应注意清除焊缝处的熔渣，并用不锈钢丝刷或铜丝刷刷出金属光泽，再用酸洗膏进行酸洗钝化，最后用热水清洗干净。

E. 风管应避免在风管焊缝及其边缘处开孔。

⑤ 铝板风管焊接。

A. 铝板风管的焊接宜采用氧乙炔气焊或氩弧焊，焊缝应牢固，不得有虚焊、穿孔等缺陷。

B. 在焊接前，必须对铝制风管焊口处和焊丝上的氧化物及污物进行清理，并应在清除氧化膜后的 2～3 小时内焊接结束，防止处理后的表面再度氧化。

C. 在对口的过程中，要使焊口达到最小间隙，以避免焊穿。对于易焊穿的薄板，焊接须在铜垫板上进行。

D. 当采用点焊或连续焊工艺焊接铝制风管时，必须首先进行试验，形成成熟的焊接工艺后，方可正式施焊。

E. 焊接后应用热水清洗焊缝表面的焊渣、焊药等杂物。

8）风管加固

金属风管加固一般可采用楞筋、立筋、角钢、扁钢、加固筋和管内支撑等形式（图 5-27）。

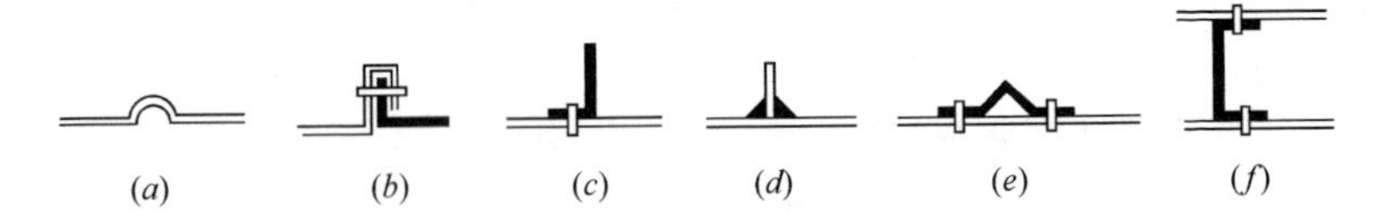

图 5-27　风管加固形式

（*a*）楞筋；（*b*）立筋：（*c*）角钢加固；（*d*）扁钢立加圈；

（*e*）管内支撑（*f*）管内支撑

9）制作不锈钢及铝板风管的特殊要求

① 风管制作场地应铺设木板，工作之前必须把工作场地上的铁屑、杂物打扫干净。

② 不锈钢板在放样划线时，不得用锋利的金属划针在板材表面划辅助线和冲眼，以免造成划痕。制作较复杂的管件时，应先做好样板，经复核无误后，再在不锈钢板表面套裁下料。

③ 不锈钢风管采用手工咬口制作时，应使用木方尺（木槌）、铜锤或不锈锤，不得使用碳素钢锤。由于不锈钢经过加工，其强度增加，韧性降低，材料发生硬化，因此手工拍制咬口时，注意不要拍反，尽量减少加工次数，以免使材料硬度增加，造成

加工困难。

④ 剪切不锈钢时，为了使切断的边缘保持光洁，应仔细调整好上下刀刃的间隙，刀刃间隙一般为板材厚度的 0.04 倍。

⑤ 在不锈钢板上钻孔时，应采用高速钢钻头，钻孔的切削速度约为普通钢的一半，最多不要超过 20m/s。

⑥ 不锈钢热煨法兰时应采用专用的加热设备加热，其温度控制在 1100～1200℃之间，煨弯温度不得低于 820℃，煨好后的法兰必须重新加热到 1100℃～1200℃再在冷水中迅速冷却。

⑦ 铝制风管和配件板材应注意保护表面制作时应用铅笔或记号笔划线，避免表面刻伤。

⑧ 铝制圆形法兰冷煨前，应将冷煨机轮擦拭干净，角铝采用贴牛皮纸保护，铝材上不得存有黄锈及其他污物。

10）强度和严密性试验

风管制作完成后，进行强度和严密性试验，对其工艺性能进行检测或验证。

① 风管的强度应能满足在 1.5 倍工作压力下接缝处无开裂。

② 用漏光法检测系统风管严密程度。采用一定强度的安全光源沿着被检测接口部位与接缝作缓慢移动，在另一侧进行观察，做好记录，对发现的条缝形光应作密封处理；当采用漏光法检测系统的严密性时，低压系统风管以每 10m 接缝，漏光点不大于 2 处，且 100m 接缝平均不大于 16 处为合格；中压系统风管每 10m 接缝，漏光点不大于 1 处，且 100m 接缝平均不大于 8 处为合格。

③ 系统漏风量测试可以整体或分段进行。测试时，被测系统的所有开口均应封闭，不应漏风。当漏风量超过设计和验收规范要求时，可用听、摸、观察、水或烟检漏，查出漏风部位，做好标记；修补完后，重新测试，直至合格。

3. 风管部件制作

（1）风口的制作

风口形式较多，按使用对象分有通风系统风口和空调系统风口。通风系统中常用风口形成有圆形风管插板式送风口、旋转吹风口、单面或双面百叶送吸风口、矩形空气分布器等。空调系统中常用风口形式有侧送风口、散流器、孔板式送风口、喷射式送风口、旋转送风口及网式回风口等。

各类风口制作的基本要求有以下方面。

1）风口制作外形尺寸与设计尺寸的允许偏差不应大于2mm；对矩形风口应做到四角方正，两对角线之差不应大于3mm；对圆形风口应做到各部分圆弧均匀一致，任意正交两直径的允许偏差不应大于2mm。

2）风口的转动调节部分灵活，叶片应平直，叶片与边框不得碰擦。

3）风口一般明露于室内，风口外形严格要求美观，特别在高级民用建筑内。因此风口采用模具化生产，以达到表面平整，外形美观。

（2）风阀的制作

通风与空调工程常用的阀门有：插板阀、多叶调节阀（平行式、对开式）、蝶阀、止回阀、防火阀、排烟阀、离心式风机启动阀等。各类风阀的制作均有标准图或设计单位的重复使用图作为依据，其中有零部件的详细尺寸。

1）风阀制作的共同要求是牢固、尺寸准确，调节和制动装置灵活、可靠。

2）制作时材料的选用按要求采取防腐措施，轴和轴承应采用铜或铜锡合金制造。

3）用于防爆风机的圆形瓣式启动阀，其轴承用青铜、叶片用铝板制作。

4）多叶阀的叶片应能贴合，且间距均匀、搭接一致。

5）止回阀的转轴和铰链应用不锈蚀材料（如黄铜）制作，止回阀用于防火阀爆时，应采用铝板制作。

6）防爆系统的部件必须严格设计要求，其材料严禁代用。

7）制作密闭式的斜插板与滑槽间应有一定间隙，且边缘平直光滑。

8）各分类风阀的外壳上应标出阀门开、闭方向。

（3）风帽的制作

风帽是装在排风系统的末端，利用室内风压的作用，加强排风能力的一种自然通风装置、同时它可以防止雨雪流入风管或室内。

风帽形式有筒形、伞形和锥形三种，如图 5-28 所示。筒形风帽适用于自然排风系统；伞形风帽适用于一般机械排风系统；锥形风帽适用于除尘系统和非腐蚀性的有毒系统。

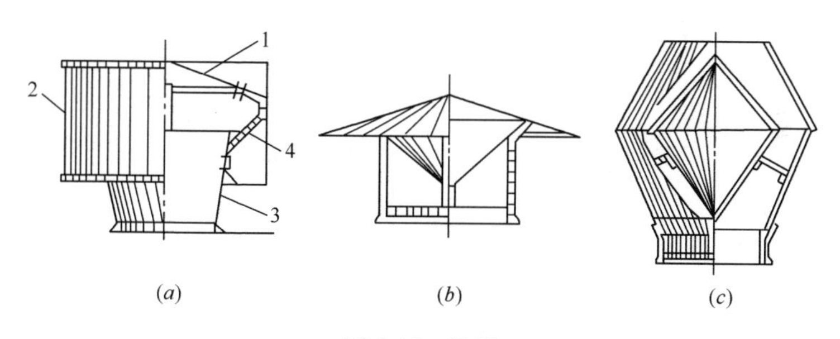

图 5-28　风帽

（a）筒形风帽；（b）伞形风帽；（c）锥形风帽

1—伞形罩；2—筒形风帽的圆筒；3—扩散管；4—支撑

1）最常用的筒形风帽，它比伞形风帽多一个外圆筒，在室外风力作用下，风帽外圆筒内形成空气稀薄状态，促使室内空气经扩散管排至大气，风力越大，排气效果就越高。

筒形风帽的圆筒是一个圆形短管，规格较小时，两端可翻边卷铁丝加固，规格较大时，可用扁钢或角钢或角钢做箍进行加固。扩散管可按图形大小加工一端用翻边卷铁丝加固。一端铆上法兰，以便与风管连接。挡风圈也可按圆形大小加工，大口可用卷边加固，小口用手锤錾出 5mm 的直边和扩散管点焊固定。

2）伞形风帽可按圆锥形展开咬口制成。圆筒为一圆形短管，规则较小时，帽的两端可翻边卷铁丝加固；规格较大时，可用扁钢或角钢做箍进行加固。

3）锥形风帽的内外锥体中心应同心，锥体组合的连接缝应顺水，下部排水应畅通。

支撑用扁钢制成。用以连接扩散管，外圆筒和伞形帽。风帽各部件加工完毕后，应刷好防锈底漆再进行装配。风帽装配形状应规则、牢固，与建筑物的预留孔应处理好，以免雨水渗漏。

（4）排气罩的制作

排水罩是通风系统中的局部排气装置，在工业生产中应用较多，其形式主要有以下四种基本类型。

1）密闭罩。密闭用于把生产有害物的局部地点完全密闭起来，如图 5-29（*a*）所示。

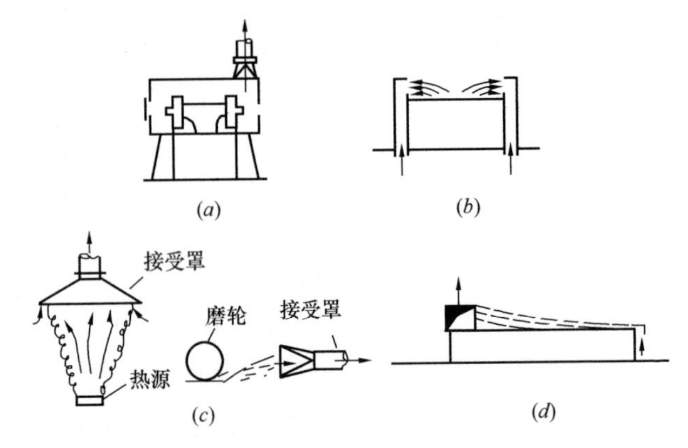

图 5-29　局部排气罩的基本类型

（*a*）密闭；（*b*）外部排气罩；（*c*）接受局部排气罩；（*d*）吹吸式局部排气罩

2）外部排气罩。外部排气罩一般安装在产生有害物的附近，如图 5-29（*b*）所示。

3）接受式局部排气罩。接受式排气罩须安装在有害物运动的上方或前方，如图 5-29（*c*）所示。

4）吹吸式局部排气罩。吹吸式排气罩利用吹气气流将有害物吹向吸气口。制作排气罩时应符合设计或标准图集的要求，制作尺寸应标准，连接处应牢固，其外壳不应有尖锐边缘。对于带有回旋或升降机结构的排气罩，所有活动部件应动作灵活，操作方便，如图 5-29（*d*）所示。

（5）止回阀的制作

在通风空调系统中，为防止通风机停止运转倒流，常用止回阀。在正常情况下，通风机开动后，阀板在风压作用下会自动打开，通风机停止运转后，阀板自动关闭。

1）根据管道形状不同，止回阀可分为圆形和矩形，还可按照止回阀在风管的位置，分为垂直式和水平式。

2）在水平式止回阀的弯轴上装有可调整的坠锤，用来调节阀板，使其启闭灵活。

3）止回阀的轴必须灵活，阀板关闭严密，铰链和转动轴应采用黄铜制作。

（6）柔性短管的制作

柔性短管用于风管与设备（如风机）的连接，以便起伸缩、隔震、防噪声的作用。为了防止风机运转时振动通风机的入口和出口处，装设柔性短管，长度一般为 150～250mm。

1）柔性短管的材质应符合设计要求，一般通风系统的柔性短管都用帆布或人造革制成；输送腐蚀性气体的通风系统应用耐酸橡胶或软聚氯乙烯塑料布制成；输送潮湿空气或装于潮湿环境中时，则应采取涂胶帆布。

2）制作帆布短管时，先把帆布按管径展开，并留出 20～25mm 的搭接量，用针线或用缝纫机把帆布缝成短管。然后再用 1mm 厚的条形镀锌薄钢板连同帆布短管铆接在风管的角钢法兰盘上。

3）连接应紧密，铆钉距离一般为 60～80mm。铆完帆布短管后，把伸出管端的薄钢板进行翻边，并向法兰平面敲平。

4）防排烟系统柔性短管的制作必须使用不燃材料。

六、风管系统安装

（一）金属风管系统安装

1. 通风空调系统施工工艺流程

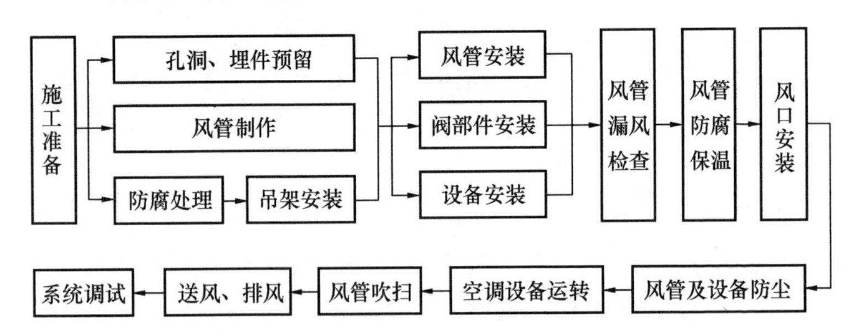

2. 支、吊架的安装

支吊架的安装流程如下：

资料检查→支、吊架预制→支、吊架焊接→现场定位放线→冲击钻钻孔→底板固定→支、吊架安装→支、吊架调整

（1）资料检查

1）支、吊架预制安装所使用的设计图纸、标准规范等技术文件应完整、齐全，且是有效版本。

2）支、吊架所用材料、安装件和附着件应是设计图纸规定的材质、规格和型号，并有供货商提供的合格证，且经外观检查合格，不合格者不得使用。

（2）支、吊架预制

1）支、吊架预制所用的碳钢材料采用砂轮机切割、锯割，不锈钢材料用砂轮切割、锯割，所有切割的切口均需打磨平整。

2）支、吊架预制所用的槽钢、工字钢、H钢、扁钢、角钢等材料，如有弯曲，应调直，如果是扭曲或折弯的材料，扭曲和折弯部分应予切除。

3）支、吊架无论是单个部件或两个以上部件组成，每个部件不可拼接，必须拼接时，应该用连接板过渡，连接板的尺寸应能保证焊缝长度≥100mm。

4）预制支、吊架的根部构件应留有调节余量，该余量应有标志，以便在安装现场按需要进行切割调整。

5）支、吊架预制加工完毕后，应及时进行手工除锈或喷砂除锈、并按设计要求涂刷底漆（不锈钢部件除外）。

6）所有的支、吊架预制完毕，应按设计要求或规范要求进行符合性检查和质量检查，确保预制的支、吊架正确无误。

（3）支、吊架的焊接

1）支、吊架的焊接应由合格焊工施焊，焊缝不得有漏焊、欠焊或焊接裂缝等缺陷。

2）支、吊架的焊接材料，应与支、吊架的材质相匹配。

3）支、吊架焊完后应立即除去渣皮、飞溅物，将焊缝表面清理干净。

4）支、吊架与管道焊接时，不得将管子烧穿或有咬边现象(用于固定支架)。

（4）现场的定位放线

1）支、吊架的安装应在预制部件完工且符合技术要求，待安装区域土建施工完毕，预埋件（如果有）预埋良好。

2）室内管道的支架，首先应根据设计要求定出固定支架和补偿器的位置。再按管道的标高把同一水平直管段的支架位置表示在墙上或柱子上，要求有坡度的管道，应根据两点间的距离和坡度的大小，计算出两点间的高度差，然后在两点间拉一根直线，按照支架的间距在墙上或柱子上划出每个支架的位置。

3）如果土建施工时已在墙上预留了埋设支架的孔洞，或在钢筋混凝土构件上预埋了焊接支架的底板，应检查预留孔洞或预埋钢板的标高及位置是否符合要求，残留钢板上的砂浆或油漆应清除干净。

（5）冲击钻钻孔

1）在普通钢筋混凝土结构上安装的支吊架，在支吊架底板安装前应进行钻孔，钻孔的要求如下：

① 按照支、吊架底板划出钻孔位置。

② 按所要求的螺栓直径，直接用硬质合金钢钻头钻孔。

③ 假如碰到钢筋，停止钻孔（此孔成为废孔），在支架位置公差范围内选择一个新的位置重新钻孔，新孔孔壁与废孔孔壁的距离应大于 25mm。

④ 如果碰到钢筋，钻孔达不到需要的深度，则做好记录并提交设计者，由设计者对是否切断钢筋做出判断。

⑤ 安装膨胀螺栓之前，钻孔内必须用压缩空气或高压水清洗，任何情况下，都不允许有异物留在孔内。

⑥ 废孔必须按原有的灰浆比予以填塞。

2）钻孔的检查：

① 对所有的孔应进行 10%的抽查；

② 用通止规检查钻孔的最大、最小直径以及深度是否符合设计要求或规范要求；

③ 膨胀螺栓的位置公差应符合设计要求，设计无规定时膨胀螺栓中心线距混凝土棱边间距 $R \geqslant 10D$；距混凝土结构拐角边的间距 $R \geqslant 15D$。

3）支吊架根部结构在现场钻孔应采用台钻、手电钻，不允许气割开孔。

（6）底板固定

1）插入膨胀螺栓，使膨胀螺栓在孔内就位，并且保证膨胀螺栓与支、吊架底板外表面平齐。

2）支、吊架底板与混凝土或钢结构虽然不能完全贴合，但在膨胀螺栓固定区域是贴合的，这种安装是合格的。

3）当膨胀螺栓固定区域不贴合时。

① 间隙≤2mm时，视为合格；

② 2mm<间隙≤15mm时，可用楔形垫板补偿，垫板应点焊在底板上。

4）用力矩扳手检查扭紧力矩，确认螺栓没有被切割、螺杆上无焊痕，并应保证螺杆至少伸出螺母1～2扣螺纹。

（7）支、吊架的安装

1）支、吊架安装前应核对支、吊架的标识、安装位置，以及安装件和附着件的型号、规格等是否符合设计文件的规定。

2）支、吊架横梁应牢固地固定在墙、柱子或其他结构上，横梁长度方向应水平，顶面应与管子中心线平行。

3）无热位移的管道吊架的吊杆应垂直于管道，吊杆的长度要能调节；有热位移的管道吊杆应在位移相反的方向，按位移值1/2倾斜安装；两根热位移方向相反或位移值不等的管道，除设计有规定外，不得使用同一杆件。

4）固定支架承受管道的内力的反力及补偿器的反力，因此固定支架必须严格按设计要求安装，不得在没有补偿装置的热力管道的直管段上，同时安装2个或2个以上的固定支架。

5）导向支架或滑动支架的滑动面应清洁、平整，滑托或护板等活动部件与其支承件应接触良好，以保证管道能自由膨胀。

6）有保温层的管道，其保温层不得妨碍热位移，在支架横梁或支座的金属垫块上滑动时，支架不应偏斜或使滑托卡住。

7）有热位移的滑动支架，其滑动面应从支承面的中心向位移的反方向偏移，偏移量为设计位移值的1/2。

8）补偿器的两侧应安装1～2个导向支架，使管道在支架上伸缩时不至偏移中心线，在保温管道中不宜采用过多的导向支架，以免妨碍管道的自由伸缩。

9）弹簧支、吊架的弹簧高度，应按设计文件规定安装，弹簧应调整到冷态值并做记录，弹簧的临时固定件，应待系统安装、试压、绝热完毕后方可拆除。

10）管道支、吊架弹簧应有合格证书，其外观几何尺寸应符合下列要求：

① 弹簧表面不应由裂纹、折叠、分层、锈蚀等缺陷；

② 尺寸偏差应符合设计图纸要求；

③ 弹簧工作圈数偏差不应超过半圈；

④ 自由状态时，弹簧各圈节距应均匀，其偏差不得超过平均节距的10％；

⑤ 弹簧两端支承面应与弹簧轴线垂直，其偏差不得超过自由高度的2％。

11）不锈钢管道与碳钢支、吊架接触部位应加不锈钢薄板垫片（或其他对不锈钢无害的材料），垫片规格设计有要求时按设计要求，设计无要求时可按下述规定选择：

① 垫片厚度为：0.3～0.5 mm不锈钢薄板；

② 垫片宽度为：卡箍或支架宽度＋30mm；

③ 垫片长度为：能包裹不锈钢一周。

12）管架或管架根部用螺栓紧固在槽钢、工字钢或角钢的翼板斜面上时，其螺栓必须有相应的垫片。

13）支、吊架安装应平整、牢固、可靠。预埋件如果不平整可以用垫铁找正，但垫铁与预埋件之间要焊牢。

14）运行时产生震动的管架，如果用螺栓作紧固件，则螺帽处应加弹簧垫圈。

15）管道安装时不宜使用临时支、吊架，必须设置临时支、吊架时，不得与正式支、吊架的位置有冲突，并应有明显标记。管道及正式支吊架安装完毕后应及时拆除临时支吊架。

16）管道安装完毕后，应及时进行支、吊架的固定或调整工作，以保证支、吊架的位置正确、平整、牢固且与管子接触良好。

（8）支、吊架调整

1）有热位移的管道，在受热膨胀时，应及时进行下列检查与调整；活动支架的位移方向，位移量及导向性能是否符合设计要求；管托有无脱落的现象；固定支架是否牢固可靠；弹簧的安装高度与弹簧的工作高度是否符合要求。

2）弹簧支吊架的弹簧整定应按设计要求进行，固定销应在管道安装完毕、系统试压、保温结束后方可拆除，固定销应完整抽出，妥善保管。

3）允许用调整吊杆长度或用支座下面加金属垫板来调整管道坡度，但是吊杆必须是整根的，不允许通过焊接来增加吊杆的长度，垫板必须同预埋件或钢结构焊牢，且垫板只能用一块，不允许用两块以上垫板叠加起来。

4）支、吊架调整后，各连接件的螺杆丝扣必须带满，锁紧螺母应锁紧、防止松动。

（9）支吊架的安装要求

1）水平悬吊的主、干管风管长度超过 20m 的系统，应设置不少于 1 个防止风管摆动的固定支架。

2）支、吊架的标高必须正确，如圆形风管管径由大变小，为保证风管中心线水平，支架型钢上表面标高应作相应提高。

3）风管支、吊架间距如无设计要求时，对于不保温风管，支、吊架间距无设计要求时按表 6-1 间距要求乘以 0.85。

4）垂直安装金属风管的支架间距不应大于 4000mm，单根垂直风管应设置 2 个固定支架。

金属风管支、吊架的最大间距（mm）　　**表 6-1**

圆形风管直径或矩形风管长边尺寸	水平风管间距	圆形风管	
		纵向咬口风管	螺旋咬口风管
≤400	4000	4000	5000
＞400	3000	3000	3750

5）支、吊架的预埋件或膨胀螺栓埋入部分不得油漆，并应除去油污。

6）支、吊架不宜设置在风口、阀门、检查门及自控机构处，离风口或插接管的距离不宜小于 200mm。

7）保温风管不能直接与支、吊架接触，应垫上坚固的隔热材料，其厚度与保温层相同，防止产生“冷桥”。

8）矩形风管立面与吊杆的间隙不宜大于 150mm；吊杆距风管末端不应大于 1000mm。

9）支吊架的吊杆应平直、螺孔应采用机械加工，螺纹应完整、光滑，风管安装后，支、吊架受力均匀，且无明显变形。

3. 风管的安装

风管的安装过程如下：

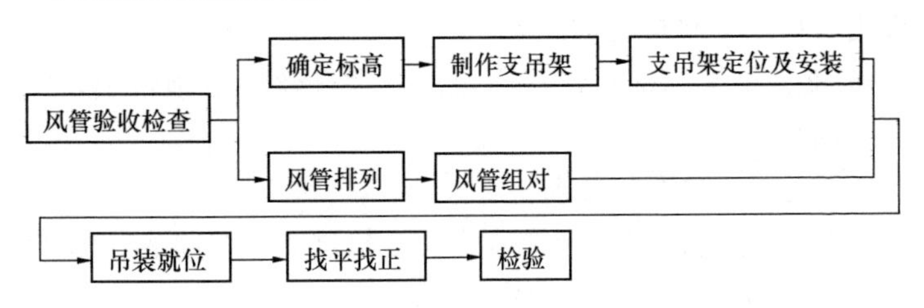

（1）施工准备

要做好风管安装前的准备工作。熟悉施工图，了解土建和其他专业工种与本工种的关联情况，核实风管系统的标高、轴线、预留孔洞、预埋件等是否符合安装条件。备足安装用的各类辅助材料，准备好吊装机具和安装用的其他工具，做好风管系统的划线定位等工作。

（2）安装过程

1）吊架安装完毕，经确认位置、标高无误后，将风管和部件按加工草图编号预排。

2）风管安装时，根据施工现场情况，可以在地面连成一定长度，采用吊装的方法就位，也可以把风管一节一节地放在支架上逐节连接，一般的安装顺序是先干管后支管。

3）风管安装后，水平风管的不平度允许偏差，每米不大于 3mm，总的偏差不大于 10mm，立管的垂直度允许偏差每米不大于 2mm，总偏差不大于 10mm。

4）不允许将可拆卸的接口装设在墙或楼板内。

5）各种阀件安装在便于操作的位置。

6）连接好的风管，检查其是否平直，若不平应调整，找平找正，直至符合要求为止。

7）风管过墙、过楼板安装

风管过墙、过楼板安装的质量对建筑、装饰的影响很大，应按照要求施工，如图 6-1 所示。

（3）风管法兰连接

1）为保证法兰连接的紧密性，法兰之间应有垫料。法兰垫料应尽量减少接头，接头形式采用阶梯形或企口形，接头处应涂密封胶。

2）法兰连接时，首先按要求垫好垫料，然后把两个法兰先对正，穿上几个螺栓并戴上螺母，不要上紧。再用尖冲塞进未上螺栓的螺孔中，把两个螺孔撬正，直到所有螺栓都穿上后，拧紧螺栓。紧螺栓应按十字交叉逐步均匀拧紧。风管连接好后，以两端法兰为准，拉线检查风管连接是否平直。

（4）成品保护

1）安装完的风管表面光滑清洁，室外风管应有防雨雪措施。

2）暂停施工的风管，应将风管敞口封闭，防止杂物进入。

3）严禁将安装完的风管作为支吊架或当作跳板，不允许将其他支吊架焊或挂在风管法兰和风管支吊架上。

（5）风管安装的要求

1）风管安装前，应做好清洁和保护工作；安装位置、标高、走向应符合设计要求。

2）一次吊装风管的长度要根据建筑物的条件、风管的壁厚、吊装方法和吊装机具配备情况确定，组对好风管可把两端的法兰作为基准点。

3）风管的连接应平直、不扭曲，明装风管水平安装。

4）除尘系统的风管，宜垂直或倾斜敷设，与水平夹角宜大于或等于 45°，小坡度管和水平管应尽量短。

5）风管与砖、混凝土风道的连接口，应顺气流方向插入，并采取密封措施。

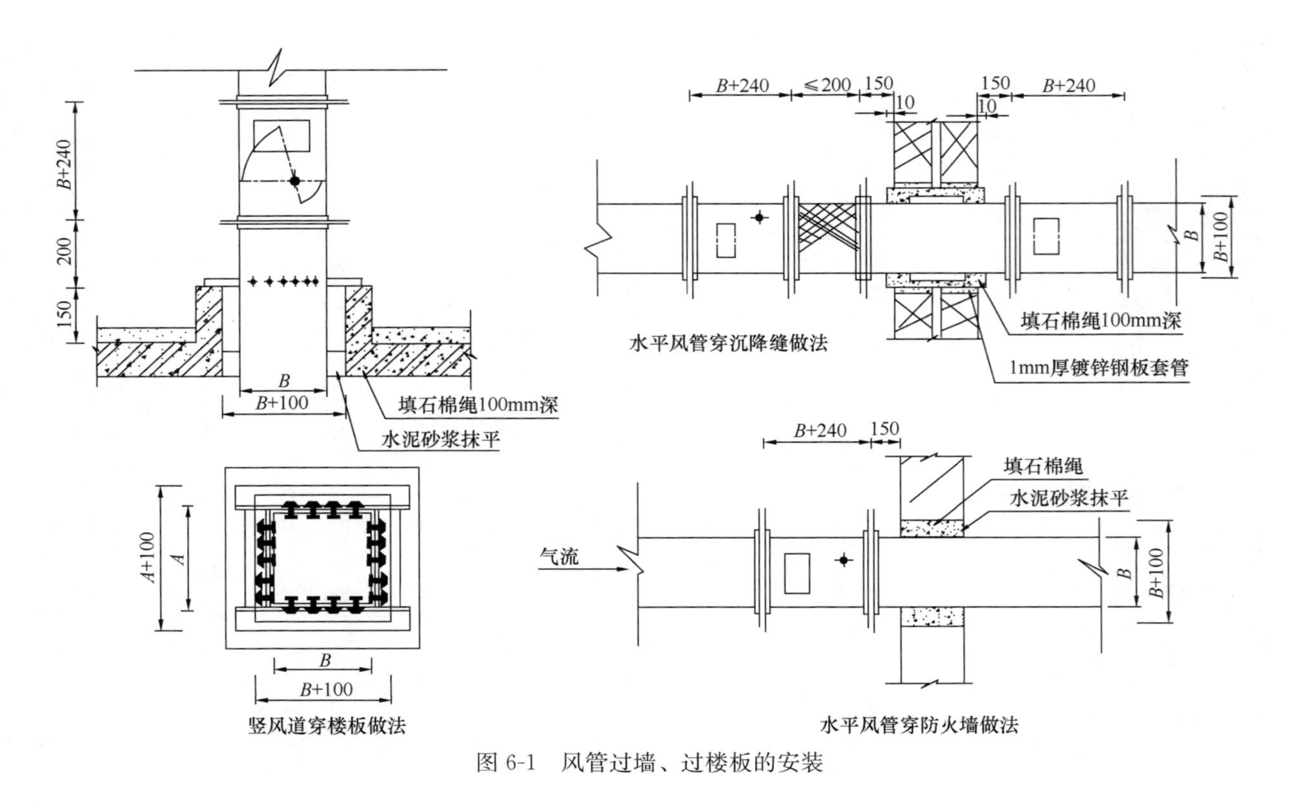

竖风道穿楼板做法

水平风管穿沉降缝做法

水平风管穿防火墙做法

图 6-1　风管过墙、过楼板的安装

6）风管内严禁其他管线穿越。

7）输送含有易燃、易爆气体或安装在易燃、易爆环境的风管系统应有良好的接地，通过生活区或其他辅助生产房间时必须严密，并不得设置接口。

8）室外立管的固定拉索严禁拉在避雷针或避雷网上。

9）输送空气温度高于80℃的风管，应按设计规定采取防护措施。

10）在风管穿过需要封闭的防火、防爆的墙体或楼板时，应设预埋管或防护套管，其钢板厚度不应小于1.6mm。

11）通风机传动装置的外露部位以及直通大气的进、出口，必须装设防护罩（网）或采取其他安全设施。

（6）风管严密性检验

风管连接好后，按规定应进行漏光法检测或漏风量测试，重点注意法兰接缝、人孔、检查门等部件。一旦漏风，要重新安装或采取其他措施进行修补，直至不漏为止。低压系统按规范采用抽检，抽检率为5%，且抽检不得少于一个系统。在加工工艺及安装操作质量得到保证的前提下，采用漏光法检测。漏光检测不合格时，应按规定的抽检率，作漏风测试。中压系统，抽检率为20%，且抽检不得少于一个。

4. 风管部件的安装

（1）风阀安装

1）在送风机的入口，新风管、总回风管和送回风支管上，均应设置调节阀门。

2）对于送回风系统，应选用调节性能好且漏风量小的阀门，如多叶调节阀或带拉杆的三通调节阀。

3）调节阀会增加风管系统的阻力和噪声，因此，风管上的调节阀应尽可能地少设。

4）对带拉杆的三通调节阀，只宜用于有送、回风支管上，不宜用于大风管上，因为调节风阀阀板承受的压力大，运行时阀门难以调节，且阀板容易变位。

5）各类风阀应安装在便于操作及检修的部位，安装后的手动或电动操作装置应灵活可靠，阀板关闭应保持严密。

6）在安装前应检查其结构是否牢固，调节装置是否灵活。

7）安装手动操作的构件应设在便于操作的位置。

8）安装在高处的风阀，也要求距地面或平台 1～1.5m，以便操作。

9）阀件的安装应注意阀件的操纵位置要便于操作，阀门的开闭方向及开启程度应在风管壁外，要有明显和明确的标志。

（2）风口的安装

1）各类送、回风口一般是在安装在顶棚或墙面上，风口安装常需要与装饰工程密切配合进行。

2）风口与风管的连接应严密、牢固，与装饰面镶贴表面平整不变形，调节灵活可靠。条形风口的安装接缝处应衔接自然，无明显缝隙。如图 6-2，散流器的安装。

3）同一房间内的相同风口的安装高度应一致，排列应整齐。

4）明装无吊顶的风口，安装位置和标高偏差不应大于 10mm。风口水平安装，水平度的偏差不应大于 3/1000；风口垂直安装，垂直度的偏差不应大于 2/1000。

5）对于装在顶棚上的风口，应与顶棚平齐，并应与顶棚单独固定，不得固定在垂直风管上。风口有顶棚的固定宜用木框或轻质龙骨，顶棚的孔洞不得大于风口的外边尺寸。

（3）风帽的安装

1）风帽的安装必须牢固，其连接风管与屋面或墙面的交接处不应渗水。

2）有风管相连的风帽，可在室外沿墙绕过檐口伸出屋面，或在室内直接穿过屋面板伸出屋顶。风管安好后，应装设防雨罩，防止雨水沿风管漏入室内。

3）风帽安装高度超出屋面 1.5m 时，应用镀锌钢丝或圆钢拉索固定，防止被风吹倒。

4）拉索不应少于 3 根，拉索可在屋面板上预留的拉索座上

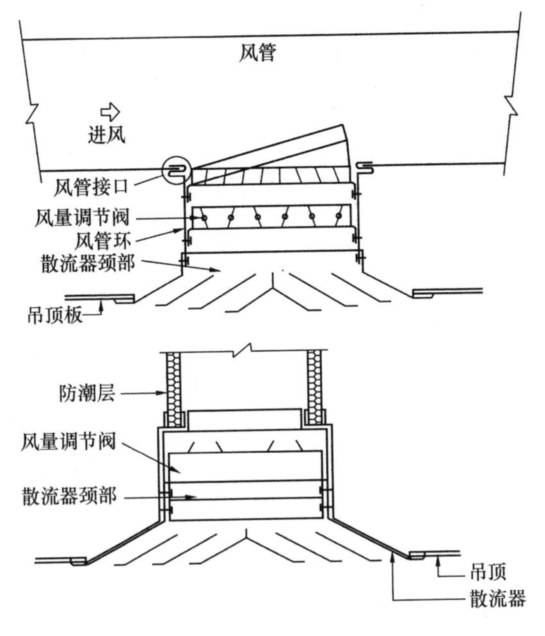

图 6-2　散流器的安装

固定。

5）无连接风管的筒形风帽，可用法兰固定在屋面板上的混凝土的底座上。当排送温度较高的空气时，为避免产生的凝结水滴入室内，应在底座下设滴水盘和排水装置。

（4）防火阀、排烟阀的安装

1）安装防火阀之前应先检查阀门外形及操作是否完好。检查动作的灵活性，确认阀门都正常之后再进行安装。

2）防火阀与防火墙（或楼板）之间的风管应采用 1.6mm 的钢板制作，在风管外壁耐火材料保温隔热。

3）防火阀设单独支吊架以避免风管在高温下变形影响阀门功能。

4）在阀门操作机构一侧有 200mm 的净空间以利检修。

5）防火阀在吊顶内安装时，在观察窗和操作下面设检查门入孔尺寸不小于 450mm×450mm。

6）防火阀等设计在安装之后应定期检查和动作试验，发现拉簧失效后应及时更换记录。

7）安装方法参考图 6-3。

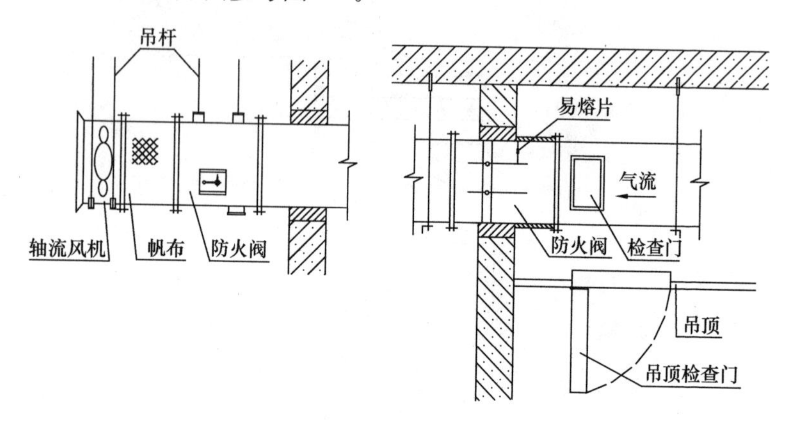

图 6-3　防火阀的安装

8）防火阀在风管中的安装可分别采用吊架和支架，以保证防火阀的稳固。

9）风管穿越防火墙时，除防火阀单独设吊架外，穿墙风管的管壁厚度要大于 1.6mm，安装后应在墙洞与防火阀间用水泥砂浆密封。

10）风管穿越建筑物的变形缝时，在变形缝两侧应各设一个防火阀。穿越变形缝的风管中间设有挡板，穿墙风管一端设有固定挡板；穿墙风管与墙洞之间应保持 50mm 的距离，其间有柔性非燃烧材料密封。

（5）排烟防火阀、排烟口安装

1）排烟阀常用于高层建筑、地下建筑的排烟管道系统中。当发生火灾时，人员的伤亡多数不是火焰烧灼，而是烟气引起的窒息，因此，火灾初期的排烟是至关重要的。

2）常用的排烟阀的产品主要包括：排烟阀、排烟防火阀、远控排烟阀、远控排烟防火阀等。

3）排烟阀一般安装在排烟系统的风管上，平时阀的叶片关闭，当发生火灾时，烟感探头发出火警信号时，由控制中心使排烟阀电磁铁的直流 24V 电源接通，叶片迅速打开，排烟风机立即启动，进行排烟。排烟阀的构造和排烟防火阀相同，其区别是排烟阀温度传感器。

4）排烟防火阀安装的部位及叶片关闭与排烟阀相同，其区别是具有防火功能，当烟气温度达到 280℃时，可通过温度传感器或手动将叶片关闭，切断烟气流动。因为当烟气温度达到 280℃时，说明火焰已经很逼近，排烟已经没有意义，只是关闭排烟防火阀可以起到阻止火焰蔓延的作用。

5）防、排烟风口安装为工程安装之重点，安装时需要注意保证风口的安装方向，安装操作高度，以及与风管连接处的防火处理，以保证防火系统的功能。如图 6-4 所示。

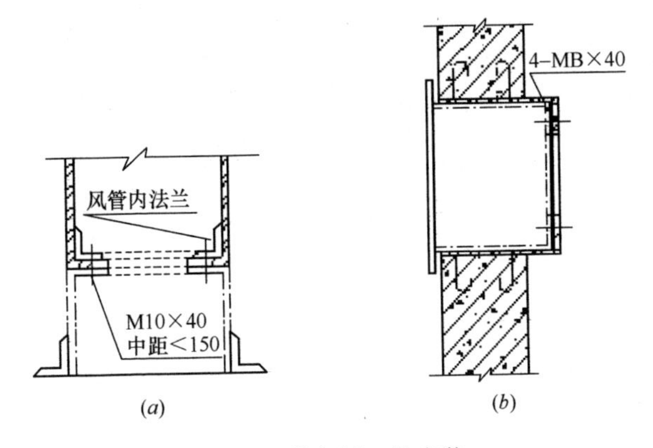

图 6-4　排烟风口的安装

(a) 排烟口与钢板风管连接；(b) 排烟口布排烟竖井壁上安装

6）在排烟阀（口）至远程控制装置的相应位置铺设好套管，套管的两端一端紧靠排烟阀（口）另一端靠远程控制装置，然后将缆绳穿入套管，将缆绳的一端穿进阀体上弹簧机构内，并将它拴在线轴上，用钢丝绳夹在固紧，剪去多余的钢索。缆绳另一端穿进远程控制装置并穿过道线轴绕在卷筒上，至少绕三圈，将多余的部分剪去。安装如图 6-5 所示。

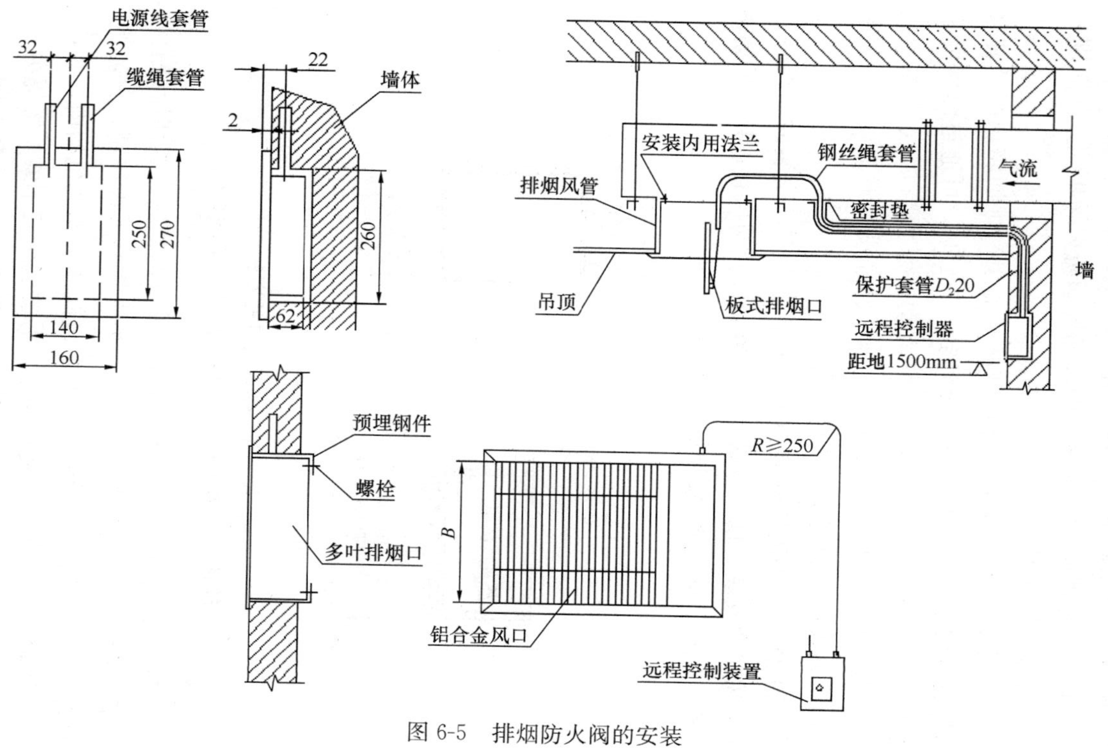

图 6-5　排烟防火阀的安装

(6) 防火风口的安装

1) 防火风口用于有防火要求的通风、空调的送风口、回风口及排风口处。

防火风口由铝合金的风口与防火阀组合而成。

2) 风口可调节气流方向，防火阀可在 0～90℃范围内调节风量，火灾发生时，防火阀上易熔片或易熔环达到 70℃时开始融化，使阀门关闭，防止火势和烟气沿风管蔓延。

3) 在风管穿过防火、防爆的墙体或楼板时，需要封闭处理，具体的做法是设预埋管或防护套管，其钢板厚度不应小于 1.6mm。

4) 风管与防护套管之间，应用不燃且对人体无危害的柔性材料封堵。

(二) 非金属风管系统安装

1. 玻璃钢风管的安装

(1) 玻璃钢风管的安装要求

1) 系统安装前，将经测绘制作好的无机玻璃钢风管按设计要求进行排序。应进一步核实无机玻璃钢风管及风口等部件的位置标高走向是否与设计图纸相符，并检查土建的预留洞，预埋件的位置是否符合要求。

2) 根据玻璃钢风管的高度和宽度，按产品技术标准的规定，正确选择吊杆的尺寸和吊杆之间的间距。

3) 无机玻璃钢风管系统支吊架采用膨胀螺栓等膨胀方法固定时，必须符合其相应的技术文件的规定，支吊架的形式应根据无机玻璃钢风管截面的大小和长度来选择。

4) 圆形风管的托管托座和抱箍所采用的扁钢不应小于 30mm×4mm，托座和抱箍的圆弧应均匀，且与风管的外径一致，托架的弧长应大于风管外周长的 1/3。

5) 风管连接法兰两断面应平行、严密，螺栓的两侧应加镀锌垫圈，并均匀拧紧。

6）组合型保温式风管保温隔热层的切断面，应采用与风管材质相同的胶凝材料或树脂加以涂封。

7）无机玻璃钢风管系统安装后必须进行严密性检验，合格后方能交到下道工序，无机玻璃钢风管系统严密性检验以主干管为主。

（2）玻璃钢风管的安装工艺

1）玻璃钢风管连接采用镀锌螺栓，螺栓与法兰接触处采用镀锌垫圈以增加其接触面。

2）法兰中间垫料采用 ϕ6～8 石棉绳，若设计同意也可采用 8501 胶条垫料规格为 12mm×3mm。垫料形式如图 6-6 所示。

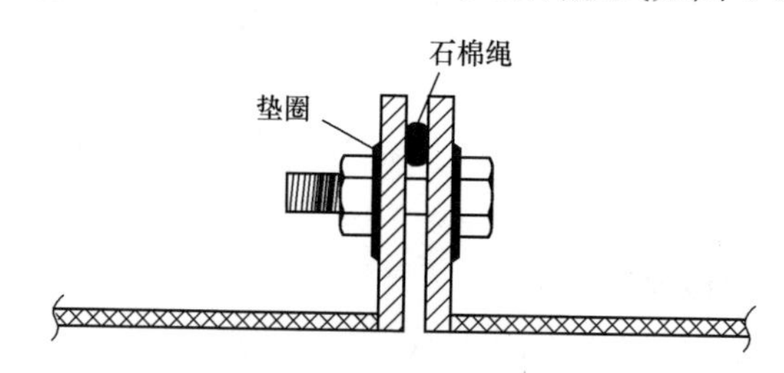

图 6-6　法兰中间的垫料形式

3）支吊托架形式及间距按下列标准执行：

风管大边≤1000mm 间距＜3m（不超过）；

风管大边＞1000mm 间距＜2.5m（不超过）。

4）因玻璃钢风管是固化成型且质量易受外界影响而变形，故支托架规格要比法兰高一档（见表 6-2）以加大受力接触面。

支托架规格（mm）　　**表 6-2**

风管大边长	托盘	吊杆
＜500	L40×4	ϕ8
501～100	L50×4	ϕ10
1001～2000	L50×5	ϕ10
＞2000	[50×4.5	ϕ12

5）风管大边大于2000mm，托盘采用5号槽钢为加大受力接触面。要求槽钢托盘上面固定一铁皮条，规格为100mm（宽）×1.2mm（厚），如图6-7所示。

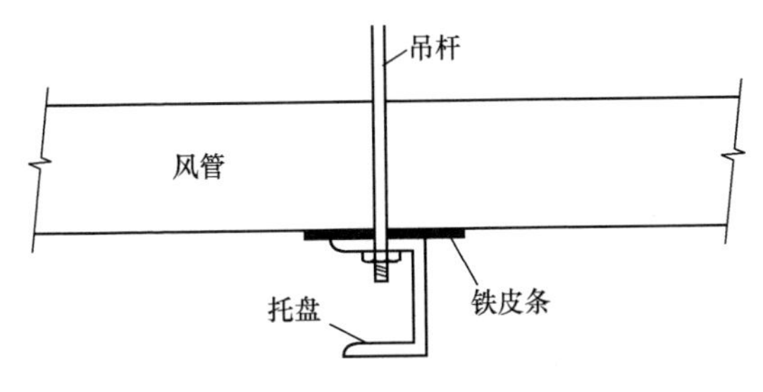

图6-7　大边风管安装示意图

2. 复合风管的安装

（1）复合风管的安装要求

1）系统安装前，应进一步核实复合风管及风口等部件的位置、标高、走向是否与设计图纸相符。

2）水平安装风管支吊架最大间距应符合表8-22规定。

3）风管与法兰采用插接连接时，管板厚度与法兰槽宽应有0.1～0.5mm的过盈量，插接面应涂满粘结剂。

4）风管接缝处应粘接严密、无缝隙和错口。

5）酚醛复合风管与聚氨酯复合风管安装还应符合表6-3的规定：

复合风管支吊架最大间距（mm）　　**表6-3**

吊直直径 / 风管类别	ϕ6	ϕ8	ϕ10	ϕ12
聚氨酯复合风管	$b\leqslant1250$	$1250<b\leqslant2000$	—	—
酚醛复合风管	$b\leqslant800$	$800<b\leqslant2000$	—	—
玻纤复合风管	$b\leqslant600$	$600<b\leqslant2000$	—	—

6）矩形风管边长小于500mm的支风管与主风管连接时，可采用在主风管接口切内45°坡口，支风管管端接口处开外45°

坡口直接粘接方法（见图 6-8*a*）；主风管上直接开口连接支风管可采用 90°连接件或采用其他专用连接件（见图 6-8*b*）。

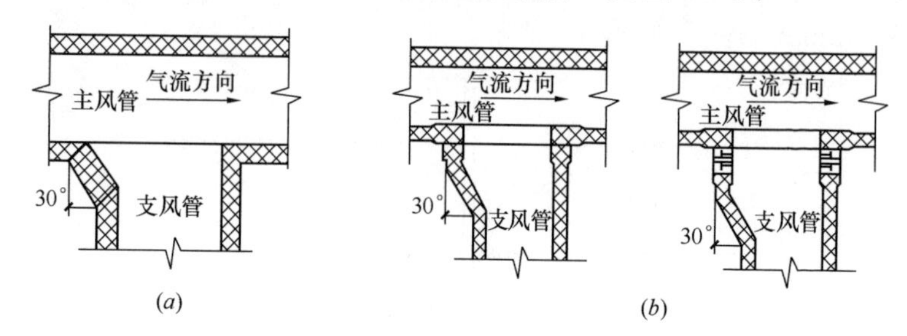

图 6-8　主风管上直接开口连接支风管方式

（*a*）接口切内 45°粘接；（*b*）90°连接件

（2）工艺措施

1）板材下料

根据空调风管设计规格、形状，绘制出各段风管的切割尺寸（包括直管、弯头、大小头等）。按绘制好的切割线，利用专用切割刀具与定位尺结合进行切割。刀片成 45°走向，一次切割到位。切割线为风管的内壁尺寸控制线。

2）板材粘接

粘接前，所有需粘接的表面必须除尘去污。沿所有坡口涂满粘合剂，并且覆盖所有切口表面。

第一块板粘接开始，风管所有组成部分都涂胶，以便胶合后完全封口。在粘合剂轻度干燥时（即不再粘手，约 40min），进行粘接，使风管成型。

所有切口和被完全切开的两面铝箔两边均必须用封带完全密封。为保证最大的粘合力，所有与封带接触的表面应除尘、除油。封带粘接后，用抹刀进行抹平，将封带下所有空气挤出。

3）风管加固

复合风管采用管箍拉杆式加固，在转角处加固，根据设计风管所承受的压强及风管规格进行加固处理。

4）风管连接

风管连接通过在固定件中插入“H”型连接器来进行连接。由于其形状特殊，连接器实际消除了气体渗漏，所以不需要任何其他密封或垫圈。

风管安装过程中。需用钳子来调整校正固定卡。先将粘合剂注入风管四角处，再安插外角盖，以使锋尖在横向部分保持坚固面防止松动。

5）风管吊装

风管吊装采用吊架或横支撑杆。吊架间距选择见表 6-4。

吊架间距表 **表 6-4**

管道尺寸（mm）	吊架最大间距（mm）
宽度≤1500	1200
600≤宽度＜1500；高度≤1500	1800
宽度≤1200；600≤高度＜1500	2400

（三）风管的保温

（1）风管橡塑保温的流程

1）把保温材料按风管尺寸切好待用。

2）专用胶水打开，准备刷子一个。

3）将风管表面擦干净，然后涂刷专用胶水，涂均匀。

4）将保温材料贴于风管表面。

5）边缘处要进行按压，直到全部严格贴合。

6）用手进行整体按压。

7）风管保温材料就固定好了。

风管保温的安装流程如图 6-9 所示。

（2）风管保温的要求

1）空调风管的保温，应根据设计选用的保温材料和结构形式进行施工。为了达到较好的保温效果和控制工程成本，保温层的厚度不应超过设计厚度的 10％，或低于设计厚度的 5％。

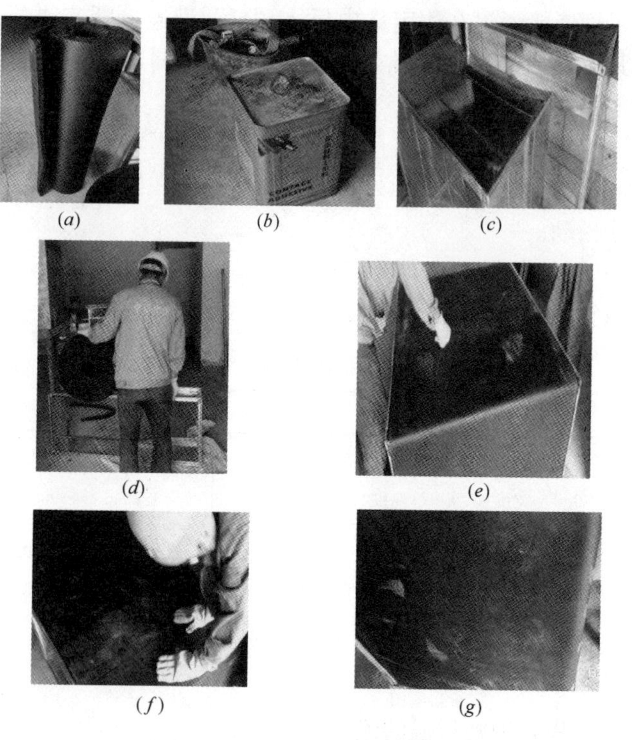

图 6-9　风管保温的安装流程

2）保温的结构应结实、严密，外表平整，无张裂和松弛现象。

3）风管的隔热层应平整密实、不能有裂缝、空隙等缺陷。当采用卷板或板材时，允许偏差为 5mm；采用涂抹或其他方式时，允许偏差为 10mm。

4）防潮层应完整，且封闭良好，其搭接缝应顺水。

5）隔热层采用粘结工艺时，粘结材料应均匀的涂刷在风管或空调设备的外表面上，使隔热层与风管或空调设备表面紧密贴合。

6）隔热材料的纵、横向接缝应该错开。当隔热层需要进行包扎或捆扎时，搭接处应均匀贴紧。

7）对于无级洁净要求的空调系统风管和空调设备的保温，如选用卷材或散材时，其隔热层的厚度应均匀铺设，散材的密度适当，包扎牢固，不能有散材外露的缺陷。

8）空调系统在风管内设置的电加热器前后各800mm范围内的隔热层和穿越防火墙两侧2m范围内风管的隔热层，必须采用不燃材料。一般常在这个范围采用石棉板进行保温。

9）风管保温后，不应影响风阀的操作。风阀的启、闭必须标记清晰。

10）风机盘管、诱导器和空调器与风管接头处，以及容易产生凝结水的部位，其保温层不能遗漏。

（四）风管系统的验收

1. 风管制作的验收

（1）防火风管的本体、框架与固定材料、密封垫料必须为不燃材料，其耐火等级应符合设计的规定。按材料与风管加工批数量抽查10%，不应少于5件。

（2）复合材料风管的覆面材料必须为不燃材料；内部的绝热材料应为不燃或难燃B1级，且对人体无害的材料。按材料与风管加工批数量抽查10%，不应少于5件。

2. 风管部件与消声器制作的验收

（1）防爆风阀的制作材料必须符合设计规定，不得自行替换，全数检查。

（2）净化空调系统的风阀，其活动件、固定件以及紧固件均应采取镀锌或作其他防腐处理（如喷塑或烤漆）；阀体与外界相通的缝隙处，应有可靠的密封措施。按批抽查10%，不得少于1个。

（3）工作压力大于1000Pa的调节风阀，生产厂应提供（在1.5倍工作压力下能自由开关）强度测试合格的证书（或试验报告）。按批抽查10%，不得少于1个。

(4) 防排烟系统柔性短管的制作材料必须为不燃材料。

3. 风管系统安装的验收

(1) 在风管穿过需要封闭的防火、防爆的墙体或楼板时，应设预埋管或防护套管，其钢板厚度不应小于1.6mm。风管与防护套管之间，应用不燃且对人体无危害的柔性材料封堵。按数量抽查20%，不得少于1个系统。

(2) 风管安装必须符合下列规定。

1) 风管内严禁其他管线穿越；

2) 输送含有易燃、易爆气体或安装在易燃、易爆环境的风管系统应有良好的接地，通过生活区或其他辅助生产房间时必须严密，并不得设置接口；

3) 室外立管的固定拉索严禁拉在避雷针或避雷网上。

按数量抽查20%，不得少于1个系统。

(3) 输送空气温度高于80℃的风管，应按设计规定采取防护措施。按数量抽查20%，不得少于1个系统。

(4) 风管部件安装必须符合下列规定。

1) 各类风管部件及操作机构的安装，应能保证其正常的使用功能，并便于操作。

2) 斜插板风阀的安装，阀板必须为向上拉启；水平安装时，阀板还应为顺气流方向插入。

3) 止回风阀、自动排气活门的安装方向应正确。按数量抽查20%，不得少于5件。

4) 防火阀、排烟阀（口）的安装方向、位置应正确。防火分区隔墙两侧的防火阀，距墙表面不应大于200mm。按数量抽查20%，不得少于5件。

(5) 风管系统安装完毕后，应按系统类别进行严密性检验，漏风量应符合设计与本规范第4.2.5条的规定。风管系统的严密性检验，应符合下列规定。

1) 低压系统风管的严密性检验应采用抽检，抽检率为5%，且不得少于1个系统。

2）在加工工艺得到保证的前提下，采用漏光法检测。检测不合格时，应按规定的抽检率做漏风量测试。

3）中压系统风管的严密性检验，应在漏光法检测合格后，对系统漏风量测试进行抽检，抽检率为20%，且不得少于1个系统。

4）高压系统风管的严密性检验，为全数进行漏风量测试。

5）系统风管严密性检验的被抽检系统，应全数合格，则视为通过；如有不合格时，则应再加倍抽检，直至全数合格。

6）净化空调系统风管的严密性检验，1～5级的系统按高压系统风管的规定执行；6～9级的系统按本规范第4.2.5条的规定执行。

（6）手动密闭阀安装，阀门上标志的箭头方向必须与受冲击波方向一致。全数检查。

（7）风管的安装应符合下列规定。

1）风管安装前，应清除内、外杂物，并做好清洁和保护工作。

2）风管安装的位置、标高、走向应符合设计要求。现场风管接口的配置，不得缩小其有效截面。

3）连接法兰的螺栓应均匀拧紧，其螺母宜在同一侧。

4）风管接口的连接应严密、牢固。风管法兰的垫片材质应符合系统功能的要求，厚度不应小于3mm。垫片不应凸入管内，亦不宜突出法兰外。

5）柔性短管的安装，应松紧适度，无明显扭曲。

6）可伸缩性金属或非金属软风管的长度不宜超过2m，并不应有死弯或塌凹。

7）风管与砖、混凝土风道的连接接口，应顺着气流方向插入，并应采取密封措施。风管穿出屋面处应设有防雨装置。

8）不锈钢板、铝板风管与碳素钢支架的接触处，应有隔绝或防腐绝缘措施。

按数量抽查10%，不得少于1个系统。

(8) 无法兰连接风管的安装还应符合下列规定。

1) 风管的连接处，应完整无缺损、表面应平整，无明显扭曲；

2) 承插式风管的四周缝隙应一致，无明显的弯曲或褶皱；内涂的密封胶应完整，外粘的密封胶带，应粘贴牢固、完整无缺损；

3) 薄钢板法兰形式风管的连接，弹性插条、弹簧夹或紧固螺栓的间隔不应大于150mm，且分布均匀，无松动现象；

4) 插条连接的矩形风管，连接后的板面应平整、无明显弯曲。

按数量抽查10%，不得少于1个系统。

(9) 风管的连接应平直、不扭曲。明装风管水平安装，水平度的允许偏差为3/1000，总偏差不应大于20mm。明装风管垂直安装，垂直度的允许偏差为2/1000，总偏差不应大于20mm。暗装风管的位置，应正确、无明显偏差。

除尘系统的风管，宜垂直或倾斜敷设，与水平夹角宜大于或等于45°，小坡度和水平管应尽量短。

对含有凝结水或其他液体的风管，坡度应符合设计要求，并在最低处设排液装置。按数量抽查10%，但不得少于1个系统。

(10) 风管支、吊架的安装应符合下列规定。

1) 风管水平安装，直径或长边尺寸小于等于400mm，间距不应大于4m；大于400mm，不应大于3m。螺旋风管的支、吊架间距可分别延长至5m和3.75m；对于薄钢板法兰的风管，其支、吊架间距不应大于3m。

2) 风管垂直安装，间距不应大于4m，单根直管至少应有2个固定点。

3) 风管支、吊架宜按国标图集与规范选用强度和刚度相适应的形式和规格。对于直径或边长大于2500mm的超宽、超重等特殊风管的支、吊架应按设计规定。

4) 支、吊架不宜设置在风口、阀门、检查门及自控机构处，离风口或插接管的距离不宜小于 200mm。

5）当水平悬吊的主、干风管长度超过 20m 时，应设置防止摆动的固定点，每个系统不应少于 1 个。

6）吊架的螺孔应采用机械加工。吊杆应平直，螺纹完整、光洁。安装后各副支、吊架的受力应均匀，无明显变形。

风管或空调设备使用的可调隔振支、吊架的拉伸或压缩量应按设计的要求进行调整。

7）抱箍支架，折角应平直，抱箍应紧贴并箍紧风管。安装在支架上的圆形风管应设托座和抱箍，其圆弧应均匀，且与风管外径相一致。

按数量抽查 10%，不得少于 1 个系统。

（11）非金属风管的安装还应符合下列的规定。

1）风管连接两法兰端面应平行、严密，法兰螺栓两侧应加镀锌垫圈；

2）应适当增加支、吊架与水平风管的接触面积；

3）硬聚氯乙烯风管的直段连续长度大于 20m，应按设计要求设置伸缩节；支管的重量不得由干管来承受，必须自行设置支、吊架；

4）风管垂直安装，支架间距不应大于 3m；按数量抽查 10%，不得少于 1 个系统。

（12）复合材料风管的安装还应符合下列规定。

1）复合材料风管的连接处，接缝应牢固，无孔洞和开裂。当采用插接连接时，接口应匹配、无松动，端口缝隙不应大于 5mm。

2）采用法兰连接时，应有防冷桥的措施。

3）支、吊架的安装宜按产品标准的规定执行。按数量抽查 10%，但不得少于 1 个系统。

（13）风口与风管的连接应严密、牢固，与装饰面相紧贴；表面平整、不变形，调节灵活、可靠。条形风口的安装，接缝处应衔接自然，无明显缝隙。同一厅室、房间内的相同风口的安装高度应一致，排列应整齐。

1）明装无吊顶的风口，安装位置和标高偏差不应大于 10mm。

2）风口水平安装，水平度的偏差不应大于 3/1000。

3）风口垂直安装，垂直度的偏差不应大于 2/1000。

4）按数量抽查 10%，不得少于 1 个系统或不少于 5 件和 2 个房间的风口。

4. 风管安装的防腐与绝热的验收

（1）风管和管道的绝热，应采用不燃或难燃材料，其材质、密度、规格与厚度应符合设计要求。如采用难燃材料时，应对其难燃性进行检查，合格后方可使用。按批随机抽查 1 件。

（2）防腐涂料和油漆，必须是在有效保质期限内的合格产品。按批检查。

（3）在下列场合必须使用不燃绝热材料

1）电加热器前后 800mm 的风管和绝热层；

2）穿越防火隔墙两侧 2m 范围内风管、管道和绝热层。全数检查。

（4）输送介质温度低于周围空气露点温度的管道，当采用非闭孔性绝热材料时，隔汽层（防潮层）必须完整，且封闭良好。

按数量抽查 10%，且不得少于 5 段。

（5）位于洁净室内的风管及管道的绝热，不应采用易产尘的材料（如玻璃纤维、短纤维矿棉等）。全数检查。

七、通风与空调系统安装

（一）空调水系统安装

1. 空调水系统安装工艺流程

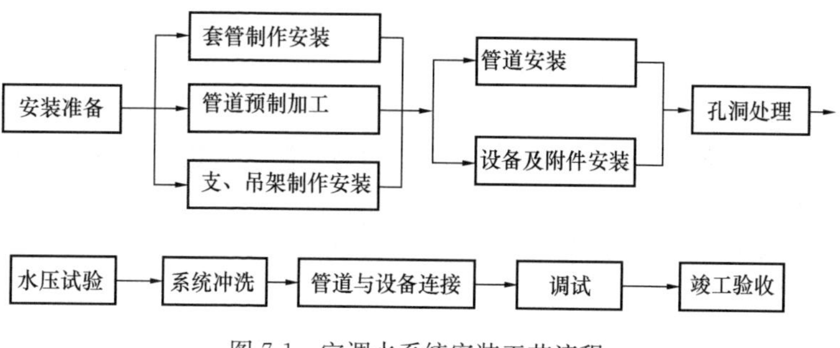

图 7-1 空调水系统安装工艺流程

2. 孔洞预留

（1）楼板预留洞要求

1）人员进场熟悉图纸按照设计及设计变更通知单，逐层检查核对土建专业预留孔洞位置尺寸，核实是否存在预留尺寸、位置偏差，并做复核记录。

2）发现预留洞有漏留、尺寸偏差情况，及时与土建专业沟通落实责任人补开预留洞。

（2）套管设置规定

1）空调管道穿楼面、屋面及墙体均需设置套管，套管管径比管道管径大 2 号。套管规格、长度根据所穿构筑物的厚度及管径尺寸确定，并按设计及规范要求预制加工。

2）管道穿越外墙采用防水套管，穿墙、楼板套管一般采用普通套管即铁皮套管和钢套管两种，如设计无规定，宜优先选用钢套管。

3）穿墙套管应保证两端与墙面平齐，穿楼板套管应使下部与楼板平齐，上部有防水要求的房间及厨房中的套管应高出地面50mm，其他房间应为20mm，套管环缝应均匀，用油麻填塞，外部用腻子或密封胶封堵；当管道穿越防火分区时，套管的环缝应该用防火胶泥等防火材料进行有效封堵。套管不能直接和主筋焊接，应采取附加筋形式，附加筋和主筋焊接，使套管只能在轴向移动。

4）套管内外表面及两端口需做防腐处理，断口平整。

3. 空调水管道的安装

管道安装的主要内容有：各系统支吊架的制作安装，干、立、支管的管道安装，阀件安装，设备安装，管道及设备的防腐与保温。安装程序如下：

定位放线→支吊架预制→管道预制→支架安装→管道安装→试压→冲洗→保温

（1）管道放线

1）管道放线按由总管到干管再到支管进行放线定位，放线前逐层核对，保证管线布置不发生冲突，同时留出保温及其他操作空间。

2）管道安装时，以建筑轴线进行定位，定位时，按施工图确定管道的走向及轴线位置，在墙（柱）上弹出管道安装的定位坡度线，坡度线取管底标高作为管道坡度的基准。

3）立管放线时，自上而下吊线坠，弹出立管安装的垂直中心线，作为立管安装的基准线。

（2）支架安装

管道支架的选择考虑管道敷设空间的结构情况、管内流通介质的种类、管道重量、热位移补偿、设备接口不受力、管道减振、保温空间等因素选择固定支架、滑动支架及吊架。

1）管道支架的生根

所有管道的支吊架须符合规范要求并按照标准图集中的要求制作与安装。管道支架或管卡应固定在楼板上或承重结构上。管道支吊架的生根如图 7-2 所示。

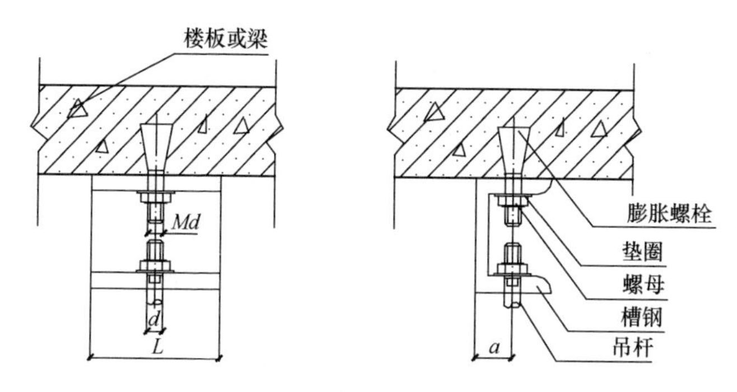

图 7-2　管道支吊架的生根

2）管道支架位置的确定

管道安装时按不同的管径和要求设置管卡或吊架，要求位置准确，埋设平整，管卡与管道接触应紧密，但不得损伤管道表面。固定支架的位置按图纸确定，其余支架的位置按现场情况参考表 7-1 确定。

管道支吊架最大间距表（m）　　**表 7-1**

序号	公称直径（mm）		15	20	25	32	40	50	70	80	100	125	150	200	250	300
1	支架最大间距	L1	1.5	2.0	2.5	2.5	3.0	3.5	4.0	5.0	5.0	5.5	6.5	7.5	8.5	9.5
2		L2	2.5	3.0	3.5	4.0	4.5	5.0	6.0	6.5	6.5	7.5	7.5	9	9.5	10.5
3	L1 用于保温管道，L2 用于不保温管道。大于 300mm 的管道参考 300mm 的管道															

3）管道支吊架的选型

① 立管支架

竖井管道根据管井综合排布图和施工验收规范要求设置固定

支架和防晃（导向）支架，固定支架的位置和构造形式需经过计算验证。管井内空调水管道的补偿器为每隔 60m 设置一组，补偿器的补偿量为 45mm，在补偿器的前后分别设置固定支架和导向支架；管井内蒸汽管道的补偿器为每隔 30m 设置一组，补偿器的补偿量为 57mm，在补偿器的前后分别设置固定支架和导向支架，固定支架的大样图如图 7-3 所示。

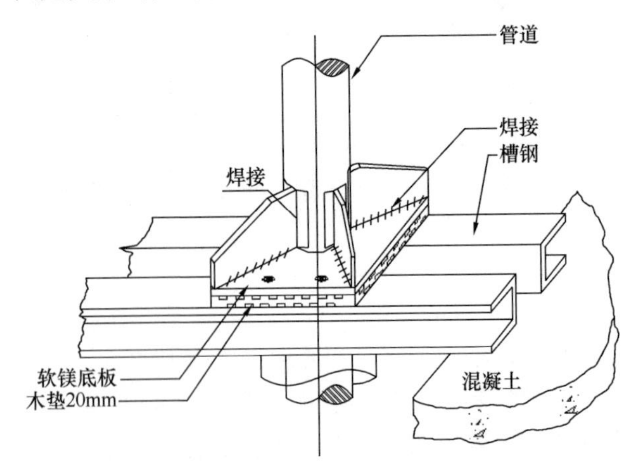

图 7-3　空调立管安装固定支架大样图

② 水平支、吊架

水平支吊架在各系统主干管和支管上分别加装，防止管道变形和在运行时由于振动摇晃产生偏位。水平支吊架一般按照系统的不同分别设置。在管道系统比较集中的区域以及公共区域等部位，管道热膨胀系数接近且膨胀方向相同的管道可以适当采用联合支吊架的形式。水平支吊架的安装如图 7-4 和图 7-5 所示。

（3）管道的连接方式

1）空调冷热水管、冷却水管、膨胀水管管材为焊接/无缝/螺旋钢管，采用焊接连接，与设备及阀门连接处采用法兰连接。

2）空调冷凝水/软化水管为铝合金衬塑 PP-R 管，采用热熔连接。

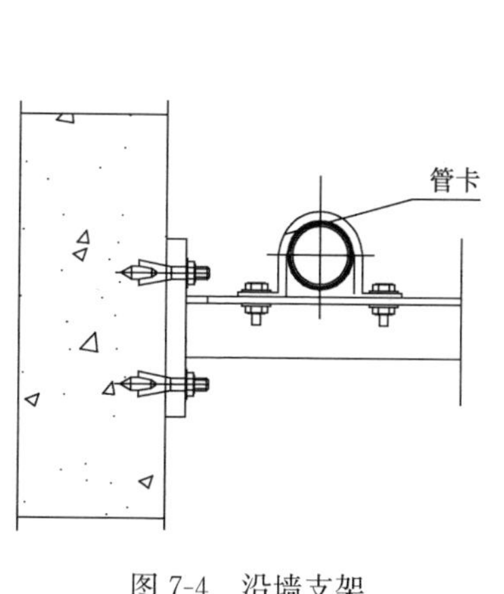

图 7-4　沿墙支架

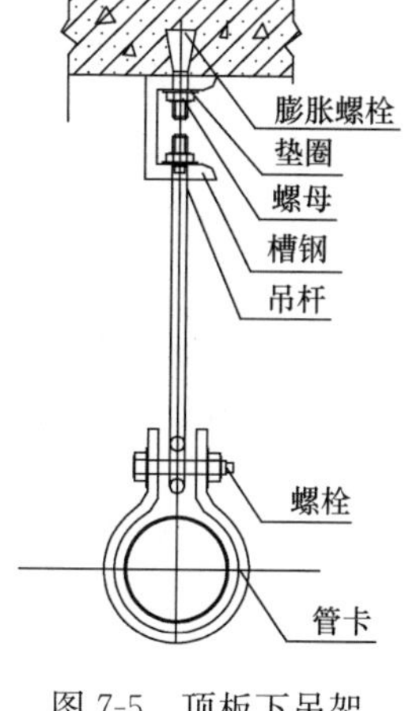

图 7-5　顶板下吊架

3）蒸汽/凝结水管为无缝钢管，采用焊接连接，与设备及阀门连接处采用法兰连接。

4）安全阀放空管为热镀锌钢管，$DN \leqslant 80$ 采用丝接，$DN > 80$ 采用沟槽连接。

5）地板采暖水管为 PE-RT 管，采用热熔连接。

6）补给水管为钢塑复合管，$DN \leqslant 80$ 采用丝接，$DN > 80$ 采用沟槽连接。

（4）管道的安装要求

1）钢管在安装前清理管道内外壁，清理干净后方可安装。碳素钢管进场后必须经过彻底的除锈，然后按设计和规范要求进行刷漆。

2）管道穿越外墙、内墙、楼板和屋面必须选择相应类型的套管，设备用房、管道井套管高出基准地面 50mm，其余高出基准地面 30mm；管道穿楼板层的大样图样如图 7-6 所示。

3）对于使用补偿器的管道，必须按照图纸要求设置伸缩接头的固定和导向装置，用于阻止摆动防止扭曲。

4）空调机组的冷凝、凝结水管，必须设置水封，水封高差

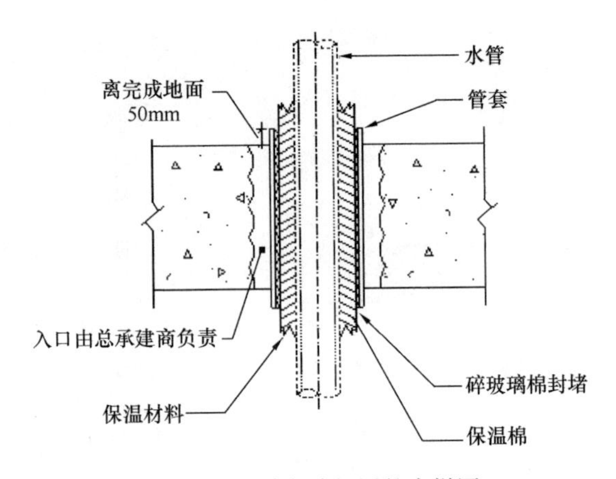

图 7-6　管道穿楼板层的大样图

依机组额定风压确定。

5）管道与设备连接加装相应规格的软接头。

6）管道要保持适当的坡度，便于泄水和通气。

7）管道分支或汇合时禁止使用四通。

4. 管道的防腐

（1）管道防腐按照施工质量验收规范及设计要求进行。明装不保温管道、支架、阀门、散热器等刷一道防锈底漆两道铝粉漆（镀锌钢管及出厂时经过防腐处理的散热器不再刷漆），暗装不保温、设备、容器等刷两道防锈底漆。保温管道、设备、容器保温前刷两道防锈底漆。

敷设在腐蚀性厂房内的不保温管道刷两道铁红环氧底漆、二道环氧磁漆，保温管道保温前刷两道防锈底漆，保温后在玻璃层保护层外表面刷两道环氧树脂漆。

敷设在浴室、开水间等潮湿房间的明装不保温管道、支架、散热器等刷二道防锈底漆两道铝粉漆。置于腐蚀性厂房及地下室的管道支、吊架，刷一道防锈漆、二道酚醛树脂漆。

（2）管道油漆涂层应完整、无损伤、漏涂、流淌现象。管道安装后不能涂漆的部分应预先涂漆。镀锌管螺纹尾牙处应涂防锈漆、紫铜管焊口焊接后应在清洗后作防腐处理。

（3）控制要点

1）保温管道刷漆之前应彻底除锈。

2）刷第一遍油漆时不要漏刷。管道安装完毕以后，进行刷第二遍油漆，油漆应均匀，无流坠。

3）管道油漆涂刷均匀，漆膜厚度符合要求。

4）管道油漆无流坠，无漏涂，符合规范要求。

5）设备油漆应根据设计及厂家要求进行定色。

6）设备刷漆时应均匀，无流坠，无漏涂，油漆颜色一致。

7）设备标牌不得涂刷油漆。

5. 管道保温

（1）水管保温，空调冷冻供回水、冷凝水、膨胀管、循环管和位于屋顶室外的空调冷却水应保温，保温材料采用难燃 B1 级聚乙烯管壳，保温厚度（冷凝水除外）：管径小于或等于 *DN*100 时，为 30mm。管径小于 *DN*250 大于 *DN*100 时，用 40mm，管径大于 *DN*250 时，用 50mm。

冷凝水保温厚度为 15mm。室外冷却水管保温完后应用 0.5mm 的镀锌钢板做保护外壳。所有管道附件保温厚度与直管段相同。

（2）管道保温层与管道应紧贴、密实，不得有空隙和间断，表面平整、圆弧均匀。管道穿墙、穿楼板处保温层应同时过墙、过板，保温层与支架处接缝应严密，不应将支架包成半明半暗状态。管道保温用金属壳作保护层，其搭口应顺水，咬缝应严密、平整。

（3）保温时，所用切割工具应足够锋利，下料应准确合理，胶和保温钉的分布应均匀。

（4）法兰处保温必须单独下料粘接，保温层厚度必须与法兰厚度相同。

（5）管道及设备保温层的厚度和平整度的允许偏差和检验方法见表 7-2。

管道及设备保温层的厚度和平整度的允许偏差和检验方法　　表 7-2

项次	项目	允许偏差（mm）	检验方法
1	厚度	$+0.1\delta$ -0.05δ	用钢针刺入
2	表面平整度	5	用 2m 靠尺和楔形塞尺检查

注：δ 为保温层厚度。

6. 阀门安装

（1）阀门安装前，应做强度和严密性试验。试验应以每批（同牌号、同规格、同型号）数量中抽查 10%。且不少于一个，对于安装在主干管上起切断作用的闭路阀门，应逐个做强度和严密性试验。强度试验压力为公称压力的 1.5 倍，严密性试验压力为公称压力的 1.1 倍，做好阀门试验记录。

（2）阀门安装时，应仔细核对阀件的型号与规格是否符合设计要求。阀体上标示箭头，应与介质流动方向一致。阀门安装位置应符合设计要求，便于操作。

（3）水平管道上的阀门安装位置尽量保证手轮朝上或者倾斜 45°或者水平安装，不得朝下安装。

（4）法兰阀门与管道一起安装时，可将一端管道上的法兰焊好，并将法兰紧固好，一起吊装；另一端法兰为活口，待两边管道法兰调整好，再将法兰盘与管道点焊定位，取下焊好后再将管道法兰与阀门法兰进行连接。

（5）阀门法兰盘与钢管法兰盘平行，一般误差应小于 2mm，法兰螺栓应对称上紧，选择适合介质参数的垫片置于两法兰盘的中心密合面上，注意放正，然后沿对角先上紧螺栓，最后全面上紧所有螺栓。

（6）大型阀门吊装时，应将吊索拴在阀体上，不准将吊索系在阀杆、手轮上。安装阀门时注意介质的流向，截止阀、平衡阀及止回阀等严禁反装。

(7) 与法兰连接时，螺栓方向一致，对称分次拧紧螺栓。拧紧后露出长度不大于螺栓直径的一半，且不少于2个螺纹只有在安装使用前才可取下保护盖。

(8) 螺纹式阀门，要保持螺纹完整，加入填料后螺纹应有3扣的预留量，紧靠阀门的出口端装有活接，以便拆修；螺纹式法兰连接的阀门，必须在关闭情况下进行安装，同时根据介质流向确定阀门安装方向。

(9) 阀门安装的位置除施工图注明尺寸外，一般就现场情况，做到不妨碍设备的操作和维修，同时也便于阀门自身的拆装和检修。

7. 管道试压

(1) 水压试验

试验压力为系统顶点工作压力加0.1MPa，分区、分层试压：对相对独立的局部区域的管道进行试压。在试验压力下，稳压10min，压力不得下降，再将系统压力降至工作压力，在60min内压力不得下降，外观检查无渗漏为合格。

在各分区管道与系统主干管全部连通后，对整个系统的管道进行系统试压。试验压力以最低点的压力为准，但最低点的压力不得超过管道与组成件的承受压力。压力试验升至试验压力后，稳压10min，压力降不得大于0.02MPa，再将系统的压力降至工作压力，外观检查无渗漏为合格。

(2) 系统冲洗

空调供回水管道应在系统冲洗、排污合格，再循环试运2h以上，且水质正常后才能与制冷机组、空调设备相贯通；冲洗进水口及排水口应选择适当位置，并能保证将管道系统内的杂物冲洗干净为宜。排水管截面积不应小于被冲洗管道截面的60%，排水管应接至排水井或排水沟内。

管道系统的冲洗在管道试压合格后，调试前进行。

（二）空调设备安装

1. 设备安装的要求

（1）设备检验

设备运输到现场后，在设备安装前1～3天内，会同业主、监理、厂家对设备开箱，根据订货合同和随机文件进行核对检查，作好设备开箱记录且签字齐全。对暂时不能安装的设备和零部件要放入库房，并封闭设备外接管口，以防掉入杂物等，有些零部件的表面要涂防锈漆和采取防潮措施。随机的电气仪表元件要放置在防潮防尘的库房内，安排专人保管。

设备的主要检验项目有：

1）设备随机文件，如装箱清单、出场合格证明书、安装说明书、安装图等。

2）核实设备及附件的名称、规格、数量。并核实设备的接口位置是否与图纸相符。

3）进行外观质量检查，不得有破损、变形、锈蚀等缺陷。

4）随机的专用工具是否齐全，设备开箱检验后，做好开箱检验记录，检验中发现的问题，由业主、厂家、施工单位协商解决。

（2）基础验收

设备安装前应结合设计和设备厂家的基础图纸检查基础的尺寸、厚度、强度及表面平整度等是否与设计要求一致，具体内容包括：

1）用测量仪器检查基础的长度、宽度和高度以及定位尺寸是否与图纸一致。

2）基础外观不得有裂纹、蜂窝、空洞及露筋等缺陷。

3）设备基础各部分的允许偏差见表7-3。

（3）设备场内运输及吊装

设备采用5～10t倒链吊装，水平运至基础边，根据设备重量可采用搭设三脚架作为支撑点，或在楼板上设置吊点的方法就位。设备的水平运输可根据设备的外形和重量制作底盘，滚杠采用我公司的专用厚皮滚杠。如运输地面须要保护则可用枕木铺道。设备运输和吊运时必须谨慎，要对设备进行必要的成品保护。运输过程要保护好设备的外壳，严禁过大的震动，撞击和任意倒转。大型设备吊装应根据现场实际情况，编制设备吊装方案。

设备基础允许偏差 **表 7-3**

项目名称	偏差（mm）
基础外型尺寸	＋30
基础坐标位置	＋20
基础上平面标高	－20～2
中心线间的距离	1

2. 通风机安装

（1）一般规定

1）检查基础尺寸、位置、标高、防震装置等应符合设计要求。

2）风机型号、规格符合设计规定，其出口方向符合设计要求，叶轮旋转应平稳，停转后不应每次停留在同一位置上。

3）风机与电动机用连轴节连接时两轴中心应在同一直线上。

4）风机与电动机用三角皮带传动时，要按规定找正，以保证电动轴与风机轴相互平行，两轮的偏移应符合规范要求。

5）风机传动装置外露部位及直通大气的进出口必须装设防护罩。

6）固定风机的地脚螺栓应拧紧，并有防松动措施。

7）安装隔振器的地面应平整，各组隔振器承受载荷的压缩量应均匀高度误差应小于 2mm。

8）安装风机的隔震钢支、吊架，其结构形式和外形尺寸应符合设计或设备技术文件的规定，焊接牢固，焊缝饱满、均匀。

（2）离心通风机

离心风机的工作过程，实际上是一个把电动机高速旋转的机械能转化为被抽升流体的动能和压能的过程。离心式风机按其生产的压力不同，可分为低压、中压和高压风机；离心式风机按其输送气体的性能不同，可分为一般通风机、排尘通风机及各种专用通风机。

离心式风机结构如图 7-7 所示。我国的离心风机的支撑与传动方式已经定型，共分 A、B、C、D、E、F 等 6 种形式。

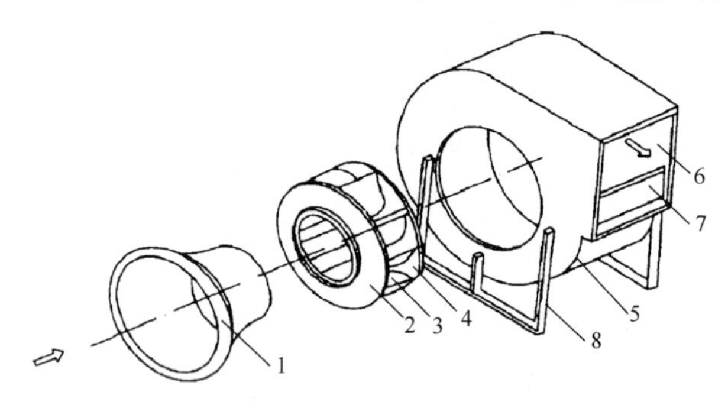

图 7-7　离心式风机主要结构分解示意图

1—吸入口；2—叶轮前盘；3—叶片；

4—后盘；5—机壳；6—出口；7—截流板；8—支架

（3）轴流通风机

1）安装在墙洞上的轴流风机，应按图纸要求，配合土建单位做好预留孔，并将风机框架、支座预埋妥当，安装时应在底座上垫上厚度为 4～5 的橡胶板。

2）在风管内安装的风机，要将风机底座固定在图纸规定位置的角钢支架上，并垫以橡胶板，拧紧螺栓并有防松措施，风机应与风管中心一致。

3）风机安装要核对气流方向和叶轮方向，防止反转。轴流通风机如图 7-8 所示。

3. 空调机组安装

（1）组装式空调机组、柜式空调机组安装主要控制要求

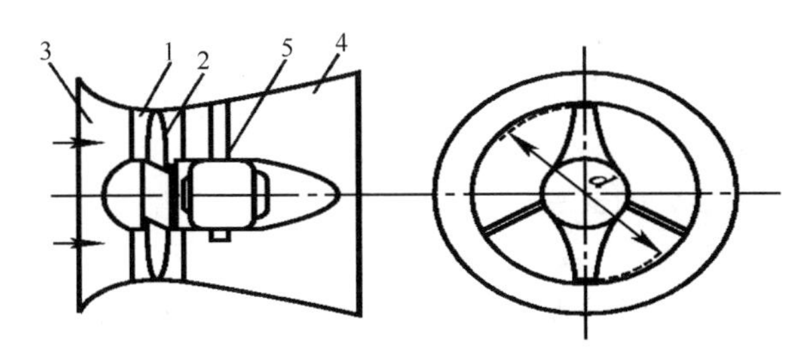

图 7-8 轴流式风机基本构造

1—圆形风筒；2—叶片及轮毂；3—钟罩形吸入口；
4—扩压管；5—电机及轮毂罩

1）组装式空调机组型号、规格、方向和技术参数必须符合设计要求。

2）节能规范要求，现场组装的组合式空调机组应做漏风量的检测。

3）安装位置和方向正确，且与风管、送风静压箱、回风箱的连接应严密可靠。

4）空调机组与供回水管的连接应正确。机组下部冷凝水排放管的水封高度应符合设计要求。

5）机组内的空气过滤器（网）和空气热交换器翅片应清洁、完好；箱体内无杂物、垃圾和积尘。

6）柜式空调机组安装与管道的连接应严密、无渗漏，四周应留有相应的维修空间。

（2）空气室处理要求

1）金属空气处理室壁板及各段的组装位置应正确，表面平整，连接严密、牢固。

2）空气处理室喷水段的本体及其检查门不得漏水，喷水管和喷嘴的排列、规格应符合设计的规定。

3）空气处理室表面式换热器的散热面应保持清洁完好。

（3）单元式空调机组安装主要控制要求

1）分体式空调组室外机和风冷整体式空调机组的安装，固定应牢固、可靠。

2）整体式空调机组管道的连接应严密、无渗漏，四周应留有相应的维修空间。

4. 风机盘管的安装

（1）风机盘管安装的注意事项：

1）《建筑节能工程施工质量验收规范》GB 50411—2014 要求：风机盘管机组应对其供冷量、供热量、风量、风压、出口静压、噪声及功率进行复验，复验应为见证取样送检。

2）风机盘管机组安装前宜进行单机三速试运转及水压检漏试验，试验压力为系统工作压力的 1.5 倍，试验观察时间为 2min，不渗漏为合格。

3）风机盘管机组应设独立支、吊架，安装位置、高度及坡度应正确、固定牢固；如有消声要求，需考虑弹性支、吊架和减振隔垫。

4）风机盘管机组与风管、回风箱或风口的连接应严密、可靠。

（2）风机盘管安装的安装要求

1）盘管安装前，进行单机三速试运转及水压检漏试验。试验压力为系统工作压力的 1.5 倍，试验观察时间为 2min，不渗漏为合格；通电试验时，机械部分不得摩擦，电气部分不得漏电，整机不得抖动不稳；水压试验时，试验压力为系统工作压力的 1.5 倍，试验观察时间为 2min，不渗漏为合格。并检查各接点是否松动，防止产生附加噪声。

2）安装风机盘管应设有单独的支吊架固定，安装的位置、高度及坡度应正确，固定牢固；机组与风管、回风箱或风口的连接，应严密、可靠。为便于拆卸、维修和更换风机盘管，装饰顶棚应设置比风机盘管位置四周各大 250mm 的活动顶棚，活动顶棚里不得有龙骨挡位。支吊架的吊杆与风机盘管连接处采用双螺母紧固。

3）支吊架与风机盘管接触处应有 4～5mm 的橡胶垫层，螺栓配置垫圈，以降低室内噪声。

4）为了减小系统振动和防止有刚性连接引起的泄露，风机盘管供、回水管与风机盘管采用弹性软管连接。风机盘管的凝结水管与盘管滴水盘出水口的连接采用 20cm 长透明塑料软管连接，且保证凝结水管的坡度严格和设计一致，使凝结水畅通地排放到指定位置。

5）风机盘管和供水管应清洗排污后连接，在通向机组的供水管上应设置过滤器防止管道堵塞，热交换器损坏。

5. 制冷机组安装

（1）制冷机组的吊装运输

本工程制冷机为 1 台螺杆式制冷机组、2 台离心冷冻机组，位于地下一层制冷间，机组的吊装均采用吊车。吊装前必须进行预吊，时间不小于 3min，离地为 100mm，并检查钢丝绳、卡扣等，确实无安全隐患时，才可正式吊装。

（2）安装前的准备工作

机组开箱前，应检查包装是否完好，运输过程的防水、防潮、防倒置措施是否完善；箱数、附件、机组型号标志是否正确。

开箱验收。根据随机“装箱单”和设备清单，逐一核对名称、规格、数量；清点全部随机技术文件、质量检验合格证书，并作好开箱验收和交接记录。对机组外观进行检查。机组上安装的仪表及包装是否完好，装箱底脚螺栓有否损坏、松动，各盲板处盲板有无松动，保证机组气密性的阀是否关闭牢固，机组上的管路、线路是否损坏和变形。检查机组上的电器仪表及测量仪表是否完好、正确。检查机组的备品备件，是否有漏装、重装、锈蚀、损伤、失效，波纹阀漏气等。

（3）基础的检查和验收

在安装机组之前，应对施工完了的基础尺寸和施工质量进行验收。基础的外观检查应无裂纹、蜂窝、空洞、露筋等缺陷及其他不符合设计要求之处，否则应返工处理。验收合格后，应在顶面铲好麻面，准备机组安装。

（4）机组就位

将四块弹性减振支座置于预埋的四块垫铁之上，调整穿过底板的螺栓，使底板与基础之间的高度符合要求。将一对平行的I型钢所承载的吊起的机组整体平稳地徐徐落在盖板上，机组即就位。注意型钢中心线落到盖板上的横向中心线上。

（5）机组调整

机组的找平可在机体顶部法兰口的平面上或在压缩机增速箱上部的加工面上，用水平仪测量水平，拧在底板上的螺栓进行调整，机组纵向横向的水平准许差为1.5/1000以下。应特别注意保证机组的纵向水平度，以免压缩机转子的机组内窜动，迫使推力轴承额外承受一种附加轴向力，并防止擦伤叶轮和内部气封齿。在机组灌注制冷剂和通水后，可再校正一次水平度。

（6）机组附属管路的安装

机组的外部接管应按设计施工图的要求进行，安装时对进出水接管法兰一要校正、二要平行，中心线要成同一水平。必须注意，不得使机组承受由于管路连接不当的附加荷载、扭矩和振动。管路悬空部分应按规定做支架和吊架，对保冷的管段应采取防“冷桥”的保冷管架。尽可能减少管路上的弯头和变径。为计量需要，对冷水及冷却水管应加流量计。

（7）机组成品保护

机组安装完毕，在其四周搭设护栏并用木板封闭，进行成品保护。

6. 冷却塔安装

（1）冷却塔采用散件组装，散件吊运采用塔吊运输，现场组装必须依据冷却塔的技术资料进行，并且须注意以下几点：

1）冷却水塔安装应保持水平，否则将影响布水器及电动机风机的正常工作，塔脚应固定在基础上，上中壳体连接应用螺栓定位。

2）风机三脚支架固定于上机壳翻边上，应使风机叶片保持水平，电机轴垂直，叶片顶端与风洞壁圆周等距。

3）电动机试转正常后，应将电动机的接线盒用防潮材料密封，以防电机受潮；风机旋转方向为顺时针向上拨风。

4）安装中央进水管时，必须保证布水器位于冷却塔的中心，进水管要垂直，这样才能保证布水管处于水平位置。

（2）冷却塔的安装技术要求：

1）冷却塔的型号、规格、技术参数必须符合设计要求。

2）基础标高应符合设计的规定，允许误差为±2mm。

3）冷却塔安装应水平，单台冷却塔安装水平度和垂直度允许偏差均为2/1000。

4）冷却塔的出水口及喷嘴的方向和位置应正确，积水盘应严密无渗漏，分水器布水均匀。

5）冷却塔风机叶片端部与塔体四周的径向间隙应均匀。对于可调整角度的叶片，角度应一致。

7. 水泵安装

（1）水泵的基础必须符合设计要求。

（2）安装时，先在基础上弹出十字中心线，泵的四边划出中心点，并在地脚螺栓孔的四周用扁铲铲平，使螺栓孔周围都在一个水平面上。

（3）在基础验收并达到70%以上强度后，进行泵组就位。将地脚螺栓穿入泵组底座螺孔内，将螺母带扣满。

（4）用倒链吊装就位在基础上，应进行中心线找正、标高检测，检测步骤如下：

泵安装中心线位置应符合设计要求，尺量与建筑物实体的距离误差不超过±20mm。

水泵用斜垫铁找平，用精度为0.1～0.3mm/m的水平尺检测水平度，水泵二次灌浆后应再次检测水平度，误差不超过0.1mm/m。

标高检测：尺量泵吸水口中心安装标高应符合设计要求，误差不得超过－10mm～＋20mm。

（5）水泵配管

水泵连接管路有吸入管和压出管，吸入管上装有蝶阀、过滤器，压出管上装有蝶阀和止回阀，管道和泵采用可曲挠球体橡胶接头挠性连接。水泵和管道采用法兰连接，以便拆卸及检修。

（6）主动轴与从动轴找正、连接后，应盘车检查是否灵活。

（7）水泵与管路连接后，应复校找正。如由于管路连接而不正常时，应调整管路。

（三）通风与空调系统安装的验收

1. 通风机安装的验收

（1）通风机的安装应符合下列规定：

1）型号、规格应符合设计规定，其出口方向应正确。

2）叶轮旋转应平稳，停转后不应每次停留在同一位置上。

3）固定通风机的地脚螺栓应拧紧，并有防松动措施。全数检查。

4）通风机的安装，叶轮转子与机壳的组装位置应正确；叶轮进风口插入风机机壳进风口或密封圈的深度，应符合设备技术文件的规定，或为叶轮外径值的 1/100。

5）现场组装的轴流风机叶片安装角度应一致，达到在同一平面内运转，叶轮与筒体之间的间隙应均匀，水平度允许偏差为 1/1000。

6）安装隔振器的地面应平整，各组隔振器承受荷载的压缩量应均匀，高度误差应小于 2mm。

7）安装风机的隔振钢支、吊架，其结构形式和外形尺寸应符合设计或设备技术文件的规定；焊接应牢固，焊缝应饱满、均匀。按总数抽查 20%，不得少于 1 台。

（2）通风机传动装置的外露部位以及直通大气的进、出口，必须装设防护罩（网）或采取其他安全设施。全数检查。

（3）空调机组的安装应符合下列规定：

1）型号、规格、方向和技术参数应符合设计要求。

2）现场组装的组合式空气调节机组应做漏风量的检测，其漏风量必须符合现行国家标准《组合式空调机组》GB/T14294的规定。

3）按总数抽检20%，不得少于1台。净化空调系统的机组，1～5级全数检查，6～9级抽查50%。

4）组合式空调机组各功能段的组装，应符合设计规定的顺序和要求；各功能段之间的连接应严密，整体应平直。

5）机组与供回水管的连接应正确，机组下部冷凝水排放管的水封高度应符合设计要求。

6）机组应清扫干净，箱体内应无杂物、垃圾和积尘。

7）机组内空气过滤器（网）和空气热交换器翅片应清洁、完好。

按总数抽查20%，不得少于1台。

（4）静电空气过滤器金属外壳接地必须良好。按总数抽查20%，不得少于1台。

（5）电加热器的安装必须符合下列规定：

1）电加热器与钢构架间的绝热层必须为不燃材料；接线柱外露的应加设安全防护罩。

2）电加热器的金属外壳接地必须良好。

3）连接电加热器的风管的法兰垫片，应采用耐热不燃材料。

按总数抽查20%，不得少于1台。

（6）空气处理室的安装应符合下列规定：

1）金属空气处理室壁板及各段的组装位置应正确，表面平整，连接严密、牢固。

2）喷水段的本体及其检查门不得漏水，喷水管和喷嘴的排列、规格应符合设计的规定。

3）表面式换热器的散热面应保持清洁、完好。当用于冷却空气时，在下部应设有排水装置，冷凝水的引流管或槽应畅通，冷凝水不外溢。

4）表面式换热器与围护结构间的缝隙，以及表面式热交换器之间的缝隙，应封堵严密。

5）换热器与系统供回水管的连接应正确，且严密不漏。

按总数抽查20%，不得少于1台。

（7）消声器的安装应符合下列规定

1）消声器安装前应保持干净，做到无油污和浮尘。

2）消声器安装的位置、方向应正确，与风管的连接应严密，不得有损坏与受潮。两组同类型消声器不宜直接串联。

3）现场安装的组合式消声器，消声组件的排列、方向和位置应符合设计要求。单个消声器组件的固定应牢固。

4）消声器、消声弯管均应设独立支、吊架。

整体安装的消声器，按总数抽查10%，且不得少于5台。现场组装的消声器全数检查。

（8）风机盘管机组的安装应符合下列规定：

1）机组安装前宜进行单机三速试运转及水压检漏试验。试验压力为系统工作压力的1.5倍，试验观察时间为2min，不渗漏为合格。

2）机组应设独立支、吊架，安装的位置、高度及坡度应正确、固定牢固。

3）机组与风管、回风箱或风口的连接，应严密、可靠。按总数抽查10%，且不得少于1台。

2. 空调制冷系统的验收

（1）制冷设备与制冷附属设备的安装应符合下列规定

1）制冷设备、制冷附属设备的型号、规格和技术参数必须符合设计要求，并具有产品合格证书、产品性能检验报告。

2）设备的混凝土基础必须进行质量交接验收，合格后方可安装。

3）设备安装的位置、标高和管口方向必须符合设计要求。用地脚螺栓固定的制冷设备或制冷附属设备，其垫铁的放置位置应正确、接触紧密；螺栓必须拧紧，并有防松动措施。全数检查。

（2）制冷系统管道、管件和阀门的安装应符合下列规定

1）制冷系统的管道、管件和阀门的型号、材质及工作压力等必须符合设计要求，并应具有出厂合格证、质量证明书。

2）法兰、螺纹等处的密封材料应与管内的介质性能相适应。

3）制冷剂液体管不得向上装成“Ω”形。气体管道不得向下装成倒“Ω”形（特殊回油管除外）；液体支管引出时，必须从干管底部或侧面接出；气体支管引出时，必须从干管顶部或侧面接出；有两根以上的支管从干管引出时，连接部位应错开，间距不应小于 2 倍支管直径，且不小于 200mm。

4）制冷机与附属设备之间制冷剂管道的连接，其坡度与坡向应符合设计及设备技术文件要求。当设计无规定时，应符合《组合式空调机组》GB/T 14294 中表 8.2.5 的规定。

5）制冷管道系统应进行强度、气密性试验及真空试验，且必须合格。系统全数检查。

（3）制冷机组与制冷附属设备的安装应符合下列规定

1）制冷设备及制冷附属设备安装位置、标高的允许偏差，应符合《组合式空调机组》GB/T 14294 中表 8.3.1 的规定。

2）整体安装的制冷机组，其机身纵、横向水平度的允许偏差为 1/1000，并应符合设备技术文件的规定。

3）制冷附属设备安装的水平度或垂直度允许偏差为1/1000，并应符合设备技术文件的规定。

4）采用隔振措施的制冷设备或制冷附属设备，其隔振器安装位置应正确；各个隔振器的压缩量，应均匀一致，偏差不应大于 2mm。

5）设置弹簧隔振的制冷机组，应设有防止机组运行时水平位移的定位装置。全数检查。检查方法在机座或指定的基准面上用水平仪、水准仪等检测、尺量与观察检查。

（4）制冷系统管道、管件的安装应符合下列规定

1）管道、管件的内外壁应清洁、干燥；铜管管道支吊架的

型式、位置、间距及管道安装标高应符合设计要求，连接制冷机的吸、排气管道应设单独支架；管径小于等于20mm的铜管道，在阀门处应设置支架；管道上下平行敷设时，吸气管应在下方。

2）制冷剂管道弯管的弯曲半径不应小于3.5D（管道直径），其最大外径与最小外径之差不应大于0.08D，且不应使用焊接弯管及皱褶弯管。

3）制冷剂管道分支管应按介质流向弯成90°弧度与主管连接，不宜使用弯曲半径小于1.5D的压制弯管。

4）铜管切口应平整、不得有毛刺、凹凸等缺陷，切口允许倾斜偏差为管径的1%，管口翻边后应保持同心，不得有开裂及皱褶，并应有良好的密封面。

5）采用承插钎焊焊接连接的铜管，其插接深度应符合《组合式空调机组》GB/T 14294中表8.3.4的规定，承插的扩口方向应迎介质流向。当采用套接钎焊焊接连接时，其插接深度应不小于承插连接的规定。

6）管道穿越墙体或楼板时，管道的支吊架和钢管的焊接应按《组合式空调机组》GB/T 14294中第9章的有关规定执行。按系统抽查20%，且不得少于5件。

（5）制冷系统阀门的安装应符合下列规定

1）制冷剂阀门安装前应进行强度和严密性试验。强度试验压力为阀门公称压力的1.5倍，时间不得少于5min；严密性试验压力为阀门公称压力的1.1倍，持续时间30s不漏为合格。合格后应保持阀体内干燥。如阀门进、出口封闭破损或阀体锈蚀的还应进行解体清洗。

2）位置、方向和高度应符合设计要求。

3）水平管道上的阀门的手柄不应朝下；垂直管道上的阀门手柄应朝向便于操作的地方。

4）自控阀门安装的位置应符合设计要求。电磁阀、调节阀、热力膨胀阀、升降式止回阀等的阀头均应向上；热力膨胀阀的安装位置应高于感温包，感温包应装在蒸发器末端的回气管上，与管道接触良好，绑扎紧密。

5）安全阀应垂直安装在便于检修的位置，其排气管的出口应朝向安全地带，排液管应装在泄水管上。按系统抽查20%，且不得少于5件。

3. 空调水系统管道与设备安装

（1）空调工程水系统的设备与附属设备、管道、管配件及阀门的型号、规格、材质及连接形式应符合设计规定。按总数抽查10%，且不得少于5件。检查方法观察检查外观质量并检查产品质量证明文件、材料进场验收记录。

（2）管道安装应符合下列规定：

1）隐蔽管道必须按《组合式空调机组》GB/T 14294第3.0.11条的规定执行。

2）焊接钢管、镀锌钢管不得采用热煨弯。

3）管道与设备的连接，应在设备安装完毕后进行，与水泵、制冷机组的接管必须为柔性接口。柔性短管不得强行对口连接，与其连接的管道应设置独立支架。

4）冷热水及冷却水系统应在系统冲洗、排污合格（目测以排出口的水色和透明度与入水口对比相近，无可见杂物），再循环试运行2h以上，且水质正常后才能与制冷机组、空调设备相贯通。

5）固定在建筑结构上的管道支、吊架，不得影响结构的安全。管道穿越墙体或楼板处应设钢制套管，管道接口不得置于套管内，钢制套管应与墙体饰面或楼板底部平齐，上部应高出楼层地面20～50mm，并不得将套管作为管道支撑。保温管道与套管四周间隙应使用不燃绝热材料填塞紧密。系统全数检查。每个系统管道、部件数量抽查10%，且不得少于5件。

（3）管道系统安装完毕，外观检查合格后，应按设计要求进行水压试验。当设计无规定时，应符合下列规定：

1）冷热水、冷却水系统的试验压力，当工作压力小于等于1.0MPa时，为1.5倍工作压力，但最低不小于0.6MPa；当工作压力大于 1.0MPa 时，为工作压力加 0.5MPa。

2）对于大型或高层建筑垂直位差较大的冷（热）媒水、冷却水管道系统宜采用分区、分层试压和系统试压相结合的方法。一般建筑可采用系统试压方法。

分区、分层试压对相对独立的局部区域的管道进行试压。在试验压力下，稳压 10min，压力不得下降，再将系统压力降至工作压力，在 60min 内压力不得下降、外观检查无渗漏为合格。

系统试压在各分区管道与系统主、干管全部连通后，对整个系统的管道进行系统的试压。试验压力以最低点的压力为准，但最低点的压力不得超过管道与组成件的承受压力。压力试验升至试验压力后，稳压 10min，压力下降不得大于 0.02MPa，再将系统压力降至工作压力，外观检查无渗漏为合格。

3）各类耐压塑料管的强度试验压力为 1.5 倍工作压力，严密性工作压力为 1.15 倍的设计工作压力。

4）凝结水系统采用充水试验，应以不渗漏为合格。

系统全数检查。

（4）阀门的安装应符合下列规定：

1）阀门的安装位置、高度、进出口方向必须符合设计要求，连接应牢固紧密。

2）安装在保温管道上的各类手动阀门，手柄均不得向下。

3）阀门安装前必须进行外观检查，阀门的铭牌应符合现行国家标准《通用阀门标志》GB 12220 的规定。对于工作压力大于 1.0MPa 及在主干管上起到切断作用的阀门，应进行强度和严密性试验，合格后方准使用。其他阀门可不单独进行试验，待在系统试压中检验。

强度试验时，试验压力为公称压力的 1.5 倍，持续时间不少于 5min，阀门的壳体、填料应无渗漏。

严密性试验时，试验压力为公称压力的 1.1 倍；试验压力在试验持续的时间内应保持不变，时间应符合规范中表 9.2.4 的规定，以阀瓣密封面无渗漏为合格。

2款抽查5%，且不得少于1个。水压试验以每批（同牌号、同规格、同型号）数量中抽查20%，且不得少于1个。对于安装在主干管上起切断作用的闭路阀门，全数检查。检查方法按设计图核对、观察检查；旁站或查阅试验记录。

（5）补偿器的补偿量和安装位置必须符合设计及产品技术文件的要求，并应根据设计计算的补偿量进行预拉伸或预压缩。

设有补偿器（膨胀节）的管道应设置固定支架，其结构形式和固定位置应符合设计要求，并应在补偿器的预拉伸（或预压缩）前固定；导向支架的设置应符合所安装产品技术文件的要求。抽查20%，且不得少于1个。

（6）冷却塔安装应符合下列规定：

1）基础标高应符合设计的规定，允许误差为±20mm。冷却塔地脚螺栓与预埋件的连接或固定应牢固，各连接部件应采用热镀锌或不锈钢螺栓，其紧固力应一致、均匀。

2）冷却塔安装应水平，单台冷却塔安装水平度和垂直度允许偏差均为2/1000。同一冷却水系统的多台冷却塔安装时，各台冷却塔的水面高度应一致，高差不应大于30mm。

3）冷却塔的出水口及喷嘴的方向和位置应正确，积水盘应严密无渗漏；分水器布水均匀。带转动布水器的冷却塔，其转动部分应灵活，喷水出口按设计或产品要求，方向应一致。

4）冷却塔风机叶片端部与塔体四周的径向间隙应均匀。对于可调整角度的叶片，角度应一致。

全数检查。

（7）水泵及附属设备的安装应符合下列规定：

1）水泵的平面位置和标高允许偏差为±10mm，安装的地脚螺栓应垂直、拧紧，且与设备底座接触紧密。

2）垫铁组放置位置正确、平稳，接触紧密，每组不超过3块。

3）整体安装的泵，纵向水平偏差不应大于0.1/1000，横向水平偏差不应大于0.20/1000解体安装的泵纵、横向安装水平偏差均不应大于0.05/1000。

水泵与电机采用联轴器连接时，联轴器两轴芯的允许偏差，轴向倾斜不应大于0.2/1000，径向位移不应大于0.05mm；小型整体安装的管道水泵不应有明显偏斜。

4）减震器与水泵及水泵基础连接牢固、平稳、接触紧密。全数检查。

（8）水箱、集水器、分水器、储冷罐等设备的安装，支架或底座的尺寸、位置符合设计要求。设备与支架或底座接触紧密，安装平正、牢固。平面位置允许偏差为15mm，标高允许偏差为±5mm，垂直度允许偏差为1/1000。膨胀水箱安装的位置及接管的连接，应符合设计文件的要求。全数检查。

八、通风空调系统调试与质量验收

（一）调 试 准 备

1. 系统调试的准备工作

通风空调系统调试前必须做好准备工作，以保证调试工作能按时、按质顺利完成。

（1）熟悉图纸及有关资料

要求参加空调系统调试主要人员首先要熟悉整个空调系统的全部设计资料，包括图纸设计说明书、全部深化设计图纸、设计变更指令、工程备忘录等，充分了解设计意图，了解各项设计参数、系统全貌及空调设备的性能与使用方法，特别要注意调节装置及检测仪表所在位置及自控原理，有必要的话，要安排技术负责人向调试人员培训各个系统及各种设备、装置的使用和注意事项。

（2）系统检查

1）对照设计图纸，对空调系统的风管、水管、设备、动力电源、控制系统进行检查，对管线、设备进行标识，重要部位如总阀门、设备等安装位置应在图纸上标识清楚。

2）检查中发现的问题作好记录，安排班组马上进行整改，影响系统调试的技术问题要马上研究解决。

3）对管道试压过程中的临时固定物，如隔离设备的管道盲板、软接头和伸缩节，应马上拆除。

4）电气系统的电缆、电线绝缘值检查，应满足规范要求。

（3）现场验收

调试人员会同设计人员、施工单位、建设单位、监理单位对已安装好的系统分部、分项进行现场验收，核对图纸及修改通知，查清修改后的情况，检查安装质量，对于安装上还存在问题逐一填入缺陷明细表，在测试前及时纠正，使所有项目符合国家《通风与空调工程施工质量验收规范》GB 50243—2016 和工程质量评定标准要求，并保证系统处于适合检测和调试的状态。

（4）准备调试仪器、工具及检测和运行前准备工作

调试前必须充分准备好所需的仪器（表）和必备工具及对它们进行检测和校正；检查缺陷明细表中所列的毛病是否已经改正，电源、水源、冷热源等方面是否已准备就绪，所配套系统应可投入运行。

（5）通风空调设备及附属设备及附属设备场地土建应已完工并清扫干净，机房大门、门窗均应已安装好。

（6）组织调试人员讨论、分析调试过程可能出现的问题，如何解决做到防患于未然，及时处理意外的发生。

（7）做好消防安全工作，以防意外发生，并对所有调试人员进行调试前的安全和调试次序交底。

2. 通风空调系统测试的常用仪表

（1）温度测定仪表。温度测定常用仪表有：棒式温度计、热电偶温度计、双金属温度计、电阻温度计等。温度测定仪表如图 8-1（*a*）所示。

（2）湿度测定仪表。湿度测定常用仪表有：普通干湿球温度计、通风干湿球温度计、毛发湿度计、湿敏电阻湿度计等。湿度测定仪表如图 8-1（*b*）所示。

（3）压力测定仪表。压力测定常用仪表有：U 形管液柱式压力计、倾斜式微压计、补偿式微压计、便携式数字压力计等。压力测定仪表如图 8-1（*c*）所示。

（4）风速测定仪表。风速测定常用仪表有：转杯式风速仪、叶轮式风速仪、热球式风速仪等。风速测定仪表如图 8-1（*d*）所示。

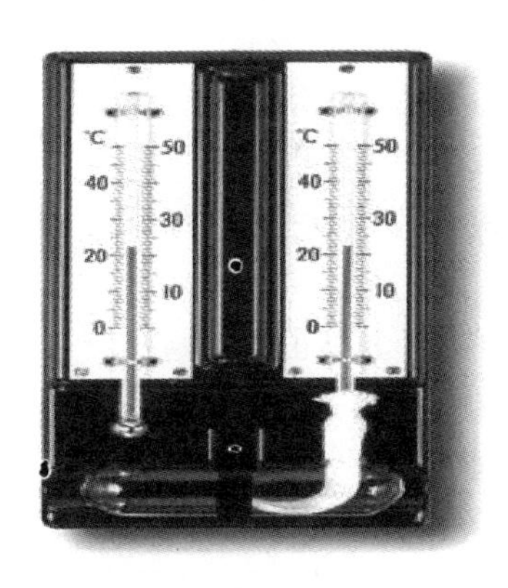

(*a*)

(*b*)

(*c*)

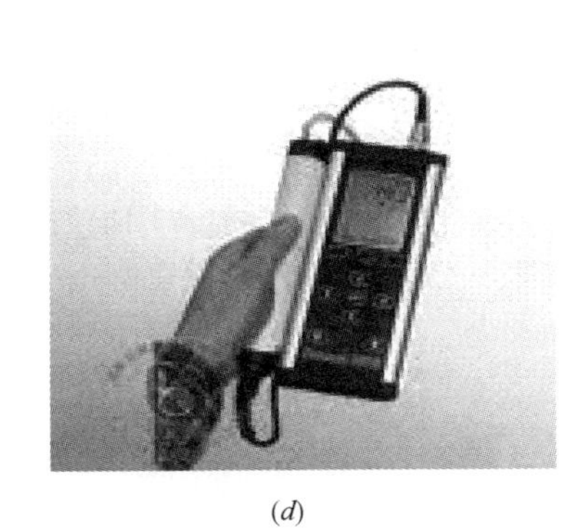

(*d*)

图 8-1　通风空调检测常用仪表

（*a*）温度计；（*b*）湿度测定仪；（*c*）压力测定仪；（*d*）风速测定仪表

（二）设备的单机试车

1. 通风系统的单机试车

（1）试运转前的检查

1）核对通风机，电动机的规格、型号是否符合设计要求。

2）通风机与电动机带轮（联轴器）中心是否在允许偏差范

围内，其地角螺栓是否已紧固。

3）润滑油（脂）有无变质，添加量是否达到规定。

4）通风机启闭阀门是否灵活，柔性接管是否严密。

5）空调器、风管上的检查门、检查孔和清扫孔应全部关闭好，并开关好加热器旁通阀。

6）用手转动风机时，叶轮不应有卡碰和不正常的响声。

7）电动机的接地应符合安全规程要求。

8）通风主、支管上的多叶调节阀要全部打开，三通阀要放在中间部位，防火阀应处在开启位置。

9）通风、空调系统的送、回风调节阀要打开；新风和一、二次回风口及加热器的调节阀应全开。

（2）通风机起动

1）通风机起动前，要关闭起动闸板阀；起动后，要缓慢开动阀门的开度，直至全开，以防止起动电流过大导致烧坏电动机。

2）通风机起动时，用电流表测量电动机的启动电流是否符合要求。运转正常后，要测定电动机的电压和电流，各相之间是否平衡。如电流超过额定值时，应关小风量调节阀。

3）在通风机运转中，用金属棒或螺丝刀仔细触听轴承内部有无杂音，以此来检查轴承内是否脏物或零件损坏。

4）通风机点动后，即可停止运转，这时检查叶轮和机壳是否擦碰或发出其他不正常的响声；叶轮的转动方向是否正确。通风机起动后，如发现有异物，应及时取出，以避免损坏叶轮和机壳。

5）用温度计测量轴承表面温度，不应超过 70℃。

6）用转速表测定通风机转速。

7）通风机运转正常后，要检查电动机、通风机的振幅大小，声音是否正常，整个系统是否牢固可靠。各项检查无误后，经运转 8h 即可进行调整测定工作。

2. 水泵的试运行

(1) 运转前的检查

1) 水泵及其附属部件是否已全部安装完毕，各连接部分螺栓是否已紧固到位。

2) 盘动水泵时，转动部分应轻便灵活，不有能插碰或其他不正常响声。

3) 地角螺栓应固定好，联轴器的轴向倾斜和径向位移应达到设计和规范规定。

4) 轴承应按说明书规定加注润滑油，数量要满足轴承润滑的要求。

5) 水泵启动前，应关闭出口阀门，打开入口阀门；起动后将出口阀门打开。附属管路系统的阀门应全部打开。

(2) 水泵运转

1) 开始时用手动盘车的方法，检查水轮和泵壳面有无摩擦等不正常响声；水轮的转动方向是否符合规定。

2) 检查电动机的起动电源、运转电流和运转功率等数值，是否超过标准的规定。

3) 用金属棒检查水泵运转中轴承和泵壳内有无杂音，以判断其运转过程中是否处于正常状态。

4) 水泵运转中，使用滑动轴承的温度不应超过 70℃，滚动轴承的温度不应超过 75℃。

5) 水泵填料函处允许有少量的泄露，普通软填料允许为 10～20 滴/min 机械密封为 3 滴/min。

6) 水泵运转时，其径向振动要符合施工图纸和安装说明书的规定。

7) 水泵试运转正常后，应持续运转不少于 2h，如一切正常，试运转即符合要求。运转停止后，应关闭泵和附属管路的阀门，并放净泵内积水，避免锈蚀和冻裂。

(3) 水泵运转中出现的主要故障和原因

1) 水泵不吸水、压力表指针剧烈跳动。原因：

①定压装置补水不足，进水总管积有空气，或回水管上的止回阀没有打开或开度不足，造成水泵入口的水量不够。

②管路的排气阀或压力表漏气。

③水泵入口管路的阻力太大，造成水泵入口负压太大，超过水泵的吸程。

2）水泵出口有显示压力，但压力异常超高或明显偏低。原因：

①出水管路阻力过大或管路、止回阀堵塞。

②电动机的旋转方向反向。

③水泵的叶轮淤塞。

④水泵转数不够。

3）水泵消耗的功率过大。原因：

①填料压盖太紧，填料层发热。

②叶轮与密封环磨损。

③管路阻力比设计小，水泵流量过大。

4）水泵产生的声音异常，水泵不上水。原因：

①吸水高度过高。

②在吸水管内有空气渗入。

5）水泵振动。原因：

①水泵和电动机的轴不同心，连轴节没有调整好。

②弹簧减震器选择不合理。

6）轴承发热。原因：

①水泵轴承无润滑油或润滑油过多。

②水泵和电动机的轴不同心。

3. 冷水机组单机试运行

（1）试运转前应做好的工作

1）检查安全保护继电器的整定值。

2）检查油箱的油面高度。

3）开启系统中相应的阀门。

4）给设备供冷却水。

5）向蒸发器供载冷剂液体。

6）将能量调节装置调到最小负荷位置或打开旁通阀。

（2）启动运转

1）启动压缩机，并应立即检查油压，待压缩机转速稳定后，其油压符合有关设备技术文件的规定（专门供油泵的先启动油泵）。

2）容积式压缩机启动时应缓缓开启吸气截止阀和节流阀。

3）检查安全保护继电器的动作应灵敏。

4）应根据现场情况和设备技术文件的规定，确定在最小负荷下所需运转的时间。

5）运转过程应进行一系列检查，并做好记录。

（3）检查的内容

1）油箱油面的高度和各部位供油的情况。

2）润滑油的压力和温度。

3）吸排气的压力和温度。

4）进排水温度和冷却水供应情况。

5）运动部件有无异常声响，各连接部位有无松动、漏气、漏油、漏水等现象。

6）电动机的电流、电压和温升。

7）能量调节装置动作是否灵敏，浮球阀及其他液位计工作是否稳定。

8）机组的噪声和振动，声级计测量其噪声应符合设计要求和性能指标；无异常振动发生。

（三）通风空调系统的测定与调整

1. 空调系统的无负荷系统调试

设备单机试运转合格后，应进行整个通风与空调系统的无负荷联合试运转。其目的是检验通风与空调系统的温度、湿度、流速等是否达到了标准的规定，也是考核设计、制造和安装质量等能否满足工艺生产的要求。

（1）试运转的准备工作

1）要熟悉通风与空调系统的有关资料，了解设计施工图和安装说明书的意图，掌握设备构造和性能以及各种参数的具体要求。

2）了解工艺流程和送风、回风、供热、供冷、自动调节等系统的工作原理，控制机构的操作方法等，并能熟练运用。

3）编制无负荷联合试运转方案，并定制具体实施办法，保证联合试运转的顺利进行。

4）在单机试运转的基础上进行一次全面的检查，发现隐患及时处理，特别是单机试运转遗留的问题，更要慎重对待。

5）作好机具、仪器、仪表的准备，同时要有合格证明或检查试验报告，不符合要求的机具和仪表不能在试运转工作中使用。

（2）试运转的主要项目和程序

1）电气设备和主要回路的检查和测试，要按照有关的规程、标准进行。

2）空调设备和附属设备试运转，是在电气设备和主回路符合要求的情况下进行，其中包括风机和水泵的试运转。考核其安装质量并对发现的问题应及时加以处理。

3）风机性能和系统风量的测定与调整。

4）空调机性能的检测和调整。通过检测，应确认空调机性能和系统风量可以满足使用要求。

5）空调房间气流组织测试与调整，在“露点”温度和二次加热器调试合格后进行。经气流组织调试后，使房间内气流分布趋向合理，气流速度场和温度场的衰减能满足设计规定。

6）室温调节性能的试验与调整。

7）空调系统综合效果检验和测定，要在分项调试合格的基础上进行，使空调、自动调节系统的各环节投入试运转。

8）空调房间对噪声和清洁度有要求时，也可在整个系统调试完成后，分别进行测定。另外，对制冷装置产冷量的测定，可在测定空调机性能时一同测定。

2. 风机及系统风量的测定与调整

（1）风量测定的方法、步骤及数据处理

1）测定截面位置和测定截面内测点位置的确定。在用毕托管和微压计测风道内风量时，测定截面位置选得正确与否，将直接影响到测量结果的准确性和可靠性，因此必须慎重选择。测定截面的位置应选择在气流比较均匀稳定的地方，尽可能地远离产生涡流及局部阻力（如各种风门、弯管、三通以及送排风口等）的地方。一般选在局部阻力之后 4～5 倍管径处（或风管大边尺寸）以及局部阻力之前 1.5～2 倍风管直径（或风管大边尺寸）的直管段上。有时难以找到符合上述条件的截面时，可根据下面两点予以变动：一是所选截面应是平直管段；二是截面距后面局部阻力的距离要比距前面局部阻力的距离长。由流体力学可知，气流速度在管截面上分布是不均匀的，因而压力分布也是不均匀的，因此必须在同一截面上多点测量，取得平均值。

2）矩形风管截面测点位置及点数：将矩形风管截面划分为若干个相等的小截面，尽量接近正方形，截面边为 $a=b=200$～250mm，最好小于 220mm 测点位于各小截面的中心处，测孔开设在风管大边或小边，应以方便操作为原则。

（2）测量仪器的使用方法

测量风管内风速（压力）的仪器主要为毕托管与电子微压计。

1）毕托管使用方法

①毕托管插入风管后，用一只手托起管身，另一只手托起接头前面的两橡胶管。

②毕托管的管身要与管壁垂直，量柱与气流方向平行，量柱与气流轴线 0 间的夹角不得大于 16°全压测定孔一定要迎向气流。

2）电子微压计的使用方法

将毕托管高、低压两端分别接至电子微压计的两个接口，读数可直接显示。在此不再详述。

（3）测定注意事项

空调系统的送（回）风管多安设在技术夹层、顶棚或走廊的吊顶内。在进行风量测定调整时，应注意以下各点

1）测试人员应衣帽齐全、紧身，防止行动时凸出物拉扯。

2）个人使用的工具应随身用工具袋装好，免得在顶棚内工作时，因忘带或缺少工具而徒劳往返，耽误工作。

3）在顶棚内行走时，要注意安全。脚要踩在受力主龙骨上，切勿踏在不吃力的部位，防止踏坏顶棚和发生人身事故（在顶棚行走须先报业主批准）。

4）顶棚内应使用安全电压行灯。

5）在顶棚内外和机房的测试人员，要经常保持通信联络，发现问题，及时处理，防止机房内错误操作或贸然开风机而造成不良的后果。

（4）风机性能的测定

衡量风机性能的主要指标有风量、风压、轴功率和效率等。通风及机性能的测定，可分为两类来进行：

1）第一步是在试运转之后，将空调系统所有干、支风道和送风口处的调节阀全部打开。在整个系统阻力最小情况下测风机最大风量，考核风机最大风力，供系统风量调整参考。

2）第二步是在各干、支风管和送风风量调整好后测风机风量、风压，以此作为对风机本身进行调试依据。

风机性能测定在风机试运转合格后进行，主要仪器为：转速表、钳形电流表、电压表、皮托管与微压差或U形压差计和叶轮风速仪。

（5）系统风量的测定和调整

1）按工程实际情况绘制系统单线透视图，应标明风管尺寸、送（回）风口的位置，同时标明设计风量、风速、截面面积及风口尺寸。

2）开风机之前，将风道和风口本身的调节阀门放在全开位

置，三通调节阀门放在中间位置，空气处理室中的各种调节阀门也应放在实际运行位置。

3）开启风机进行风量测定与调整，先粗测总风量是否满足设计风量要求，做到心中有数，有利于下一步测试工作。

4）系统风量测定与调整。对送（回）风系统调整采用“流量等比分配法”或“基准风口调整法”等，从系统的最远最不利的环路开始，逐步调向通风机。

5）风口风量测试可用热电风速仪。用定点法或匀速移动法测出平均风速，计算出风口风量，测试次数不少于 3～5 次。在送风口气流有偏斜时，测定时应在风口安装长度为 0.5～1.0m 与风管断面尺寸相同的短管。

6）系统风量调整平衡后，应达到风口的风量、新风量、排风量、回风量的实测值与设计风量的允许偏差值不大于 15％；新风量与回风量之间和应近似等于总的送风量，或各送风量之和；总的送风量应略大于回风量与排风量之和。

7）系统风量测试调整时应注意的问题：

①测定点截面位置选择应在气流比较均匀稳定的地方，一般选在产生局部阻力之后 4～5 倍管径（或风管长边尺寸）以及产生局部阻力之前约 1.5～2 倍管径（或风管长边尺寸）的直风管段上。

②在矩形风管内测定平均风速时，应将风管测定截面划分若干个相等的小截面，使其尽可能接近于正方形；在圆形风管内测定平均风速时，应根据管径大小，将截面分成若干个面积相等的同心圆环，每个圆环应测量四个点。

③没有调节阀的风道，如果要调节风量，可在风道法兰处临时加插板进行调节，风量调好后插板留在其中并密封不漏。

8）防排烟系统正压送风机前言静压的检测

首先在选择正压风口时必须严格挑选，因为正压风口的密封性能会影响到前室静压的测试结果，在配合运行检测人员测试前仔细检查，一个正压送风口的安装严密性和电动排烟阀的灵活性，以使前言的静压达到消防规范的指标。

3. 消防排烟、正压送风要求

不仅是对选择送风机提出要求，更重要的是对加压送风的防烟楼梯间及前室、消防电梯前室和合用前室、封闭避难层需要保持的正压值提出要求。加压部位正压值的确定，是加压送风量的计算及工程竣工验收等很重要的依据，它直接影响到加压送风系统的防烟效果。正压值的要求是：当相通加压部位的门关闭的条件下，其值应足以阻止着火层的烟气在热压、风压、浮压等力量联合作用下进入楼梯间、前室或封闭避难层。

为了促使防烟楼梯间内的加压空气向走道流动，发挥对着火层烟气的排斥作用，因此要求在加压送风时防烟楼梯间的空气压力大于前室的空气压力，而前室的空气压力大于走道的空气压力。仅从防烟角度来说，送风正压值越高越好，但由于一般疏散门的方向是朝着疏散方向开启，而加压作用力的方向恰好与疏散方向相反，如果压力过高，可能会带来开门的困难，甚至使门不能开启。另一方面，压力过高也会使风机、风道等送风系统的设备投资增多。因此，正压值是正压送风的关键技术参数。

（1）高层建筑的防烟楼梯间及前室、合用前室和消防电梯前室的机械加压送风量应由计算确定。采用机械加压送风的防烟楼梯间前室、消防电梯前室和合用前室，应保持正压，且楼梯间的压力应略高于前室的压力。消防验收时防烟楼梯间、前室的余压、风量、风速要求。

（2）机械加压送风机的全压，除计算最不利环管道压头损失外，尚应有余压。其余压值应符合下列要求：

①防烟楼梯间为 40～50Pa。

②前室、合用前室、消防电梯间前室、封闭避难层（间）为 25Pa～30Pa。

③测试结果要求，余压按防烟楼梯间 40～50Pa、合用前室 25～30Pa；送风、排烟风速：分别金属风道不大于 20m/s、非金属风道不大于 15m/s；正压送风口不大于 7m/s、排烟口不大于

10m/s。

（3）设置机械排烟设施的部位，其排烟风机的风量应符合下列规定：

①担负一个防烟分区排烟或净空高度大于 6.00m 的不划防烟分区的房间时，应按每平方米面积不小于 60m^3/h 计算（单台风机最小排烟量不应小于 7200m^3/h）。

②担负两个或两个以上防烟分区排烟时，应按最大防烟分区面积每平方米不小于 120m^3/h 计算。

③中庭体积小于或等于 17000m^3 时，其排烟量按其体积的 6 次/h 换气计算；中庭体积大于 17000m^3 时，其排烟量按其体积的 4 次/h 换气计算，但最小排烟量不应小于 102000m^3/h。

4. 空调设备性能测定与调整

（1）加湿器的测定应在冬季或接近冬季室外计算参数条件下进行，主要测定它的加湿量是否符合设计要求。

（2）过滤器阻力的测定、表冷器阻力的测定、表面式热交换器冷却能力和加热能力的测定等应计算出阻力值、空气失去的热量值和吸收的热量值是否符合设计要求。

（3）空调设备中风机风量的调整可以通过节流调节法或者改变其转速。

（4）风机盘管机组的三速、温控开关的动作应正确，并与机组运行状态一一对应。

（5）在测定过程中，保证供水，供冷、供热源，做好详细记录，与设计数据进行核对是否有出入，如有出入时应进行调整。

5. 系统综合效果测定

综合效果的测定：在单体项目试验调整完成后，检验系统联动运行的综合指标能否满足设计生产工艺的要求。

（1）动态下室内空气调节是否满足生产工艺的要求；室内空气参数（温湿度）的实际情况是否与 DDC 反馈的信息相符；室内温湿度波动是否符合实际要求。

（2）在冷水机组、冷却塔、冷冻水泵、冷却水泵运行时，

DDC 系统是否收集各子站的敏感原件反馈的信息进行整理、分析，控制设备的运行。

（3）在对通风、空调系统进行测定与调整中，应收集有关的运行记录的数据和现场测量的数据，会同设计单位、业主进行分析，并采取相应的改进方法，以达到使用效果。

（四）通风与空调工程系统调试的质量验收

1. 系统调试

通风与空调工程安装完毕，必须进行系统的测定和调整（简称调试)。系统调试应包括下列项目：

（1）设备单机试运转及调试；

（2）系统无生产负荷下的联合试运转及调试。全数检查。

2. 设备单机试运转及调试应符合下列规定

（1）通风机、空调机组中的风机，叶轮旋转方向正确、运转平稳、无异常振动与声响，其电机运行功率应符合设备技术文件的规定。在额定转速下连续运转 2h 后，滑动轴承外壳最高温度不得超过 70℃；滚动轴承不得超过 80℃。

（2）水泵叶轮旋转方向正确，无异常振动和声响，紧固连接部位无松动，其电机运行功率值符合设备技术文件的规定。水泵连续运转 2h 后，滑动轴承外壳最高温度不得超过 70℃；滚动轴承不得超过 75℃。

（3）冷却塔本体应稳固、无异常振动，其噪声应符合设备技术文件的规定。风机试运转按本条第 1 款的规定；冷却塔风机与冷却水系统循环试运行不少于 2h，运行应无异常情况。

（4）制冷机组、单元式空调机组的试运转，应符合设备技术文件和现行国家标准《制冷设备、空气分离设备安装工程施工及验收规范》GB 50274 的有关规定，正常运转不应少于 8h。

（5）电控防火、防排烟风阀（口）的手动、电动操作应灵活、可靠，信号输出正确。第 1 款按风机数量抽查 10%，且不得少于1台；第2、3、4款全数检查；第5款按系统中风阀的数量抽查20%，且不得少于5件。

3. 系统无生产负荷的联合试运转及调试应符合下列规定

（1）系统总风量调试结果与设计风量的偏差不应大于10%。

（2）空调冷热水、冷却水总流量测试结果与设计流量的偏差不应大于10%。

（3）舒适空调的温度、相对湿度应符合设计的要求。恒温、恒湿房间室内空气温度、相对湿度及波动范围应符合设计规定。按风管系统数量抽查10%，且不得少于1个系统。

（4）防排烟系统联合试运行与调试的结果（风量及正压），必须符合设计与消防的规定。按总数抽查10%，且不得少于2个楼层。

（五）风管安装通病

1. 薄钢板矩形风管的刚度不够的原因

（1）制作风管的钢板厚度不符合施工及验收规范的要求；

（2）咬口的形式选择不当；

（3）没有按照现行国家标准《制冷设备、空气分离设备安装工程施工及验收规范》GB 50274要求，对于边长≥630mm或保温风管≥800mm，其管长在1200mm以上，均应采取加固措施。

2. 薄钢板矩形风管扭曲、翘角的原因

（1）矩形板料下料后，未对四个角进行严格的角方测量；

（2）风管的大边或小边的两个相对面的板料长度和宽度不相等；

（3）风管的四个角处的咬口宽度不相等；

（4）手工咬口合缝受力不均。

3. 薄钢板矩形弯头角度不准确的原因

（1）弯头的侧壁、弯头背和弯头里的片料尺寸不准确；

（2）两大片料未严格角方；

（3）弯头背和弯头里的弧度不准确；

（4）如采用手工进行联合角型咬口，咬口部位的宽度不相等。

4. 圆形风管不同心的原因

（1）制作同径圆形风管，下料角方的直角不准确；

（2）制作异径正心圆形风管，展开下料不准确；

（3）咬口宽度不相等。

5. 圆形弯头角度不准确的原因

（1）展开划线不准确；

（2）弯头咬口严密性不一致；

（3）弯头组装时各节的相应展开线未对准；

（4）弯头采用单立咬口，各节的单、双咬口宽度不相等，致使弯头的角度不准确、弯头咬口松动或受挤开裂。

6. 圆形三通角度不准、咬合不严的原因

（1）展开下料划线不准确；

（2）咬口的宽度不等；

（3）插条加工后的尺寸不准确。

7. 法兰互换性差的原因

（1）下料的尺寸不准确，下料后的角钢未找正调直，致使法兰的内径或内边尺寸超出允许的偏差；

（2）圆形法兰采用手工热煨时，出现由于扭曲产生的表面不平和圆度差的弊病；

（3）圆形法兰采用机械冷煨时，出现由于煨弯机未调整好处于非正常状态；

（4）矩形法兰胎具的直角不准确；

（5）法兰接口焊接变形；

（6）法兰螺栓分孔样板分孔时有位移；

（7）法兰冲孔或钻孔的孔中心位移。

8. 法兰铆接偏心的原因

（1）圆形风管的同心度差；

（2）圆形法兰的圆度误差大；矩形法兰不角方；

（3）法兰的内径或内边尺寸大于风管的外径或外边尺寸，超过现行国家标准《制冷设备、空气分离设备安装工程施工及验收规范》GB 50274 的规定，致使法兰与风管铆接后，风管向一侧偏移；

（4）法兰的内径或内边尺寸小于风管的外径或外边尺寸，法兰强行将风管套上，致使风管咬口缝开裂。

9. 法兰铆接后风管不严密的原因

（1）铆钉间距大，造成风管表面不平；

（2）铆钉直径小，长度短，与钉孔配合不紧，使铆钉松动，铆合不严；

（3）风管在法兰上的翻边量不够；

（4）风管翻边四角开裂或四角咬口重叠。

10. 风管的密封垫片及风管连接不符合要求的原因

（1）通风、空调系统选用的法兰垫片材质不符合现行国家标准《制冷设备、空气分离设备安装工程施工验收规范》的要求；

（2）法兰垫片的厚度不够，因而影响弹性及紧固程度；

（3）法兰垫片凸入风管内；

（4）法兰的周边螺栓压紧程度不一致。

11. 无法兰风管连接的不严密的原因

（1）压制的插条法兰形状不规则；

（2）插条法兰的结构形式选用不当；

（3）采用 U 形插条连接时，风管翻边的尺寸不准确；

（4）未采取涂抹密封胶等密封措施。

习　　题

一、判断题

1. ［初级］金属风管起吊时，首先要进行试吊，当离地200～300mm时，停止起升。

【答案】正确

2. ［初级］风管的连接应平直、不扭曲，明装风管垂直安装。

【答案】错误

【解析】风管的连接应平直、不扭曲，明装风管水平安装。

3. ［初级］风管与砖、混凝土风道的连接口，应逆气流方向插入，并采取密封措施。

【答案】错误

【解析】风管与砖、混凝土风道的连接口，应顺气流方向插入，并采取密封措施。

4. ［初级］不锈钢板、铝板风管与碳素钢支架的接触处应有隔绝或防腐绝缘措施。

【答案】正确

5. ［初级］插条式连接，主要用于圆形风管连接。

【答案】错误

【解析】插条式连接，主要用于矩形风管连接。

6. ［初级］可伸缩性金属或非金属软风管的长度不宜超过2m，并不应有死弯或塌凹。

【答案】正确

7. ［初级］垂直安装金属风管的支架间距不应大于2000mm，单根垂直风管应设置2个固定支架。

【答案】错误

【解析】垂直安装金属风管的支架间距不应大于4000mm，单根垂直风管应设置2个固定支架。

8.［初级］无机玻璃钢风管系统严密性检验以主、干管为主。

【答案】正确

9.［初级］复合风管安装时，支吊架的预埋件应位置正确、牢固可靠，埋入部分应除锈，除油污，并且涂漆。

【答案】错误

【解析】复合风管安装时，支吊架的预埋件应位置正确、牢固可靠，埋入部分应除锈，除油污，并不得涂漆。

10.［初级］漏光法检测是采用光线对小孔的强穿透力，对系统风管严密程度进行定性检测的方法。

【答案】正确

11.［初级］履带式起重机在满负荷起吊时，起重机不得行走。

【答案】正确

【解析】履带式起重机使用的注意说明：在满负荷起吊时，起重机不得行走。如在起吊中需作短距离行走时，其吊物荷载不得超过起重机允许最大负荷的70%，且所吊重物要在行车的正前方，并应系好溜绳，重物离地面不超过200mm，缓慢地行驶。

12.［初级］电动卷扬机的种类按起重量分有0.5t、1t、2t、3t、4t、5t、10t、20t等。

【答案】错误

【解析】电动卷扬机的种类按卷筒形式有单筒、双筒两种；按传动形式分有可逆减速箱式和摩擦离合器式；按起重量分有0.5t、1t、2t、3t、5t、10t、20t、32t等。

13.［初级］电动卷扬机要做到钢丝绳捻向与卷筒卷绕方向相反。

【答案】错误

【解析】电动卷扬机所用钢丝绳直径应与套筒直径相匹配，一般卷筒直径应为钢丝绳直径的16～25倍，还要做到钢丝绳捻向与卷筒卷绕方向一致。操作时，卷筒上的钢丝绳余留圈数不应少于3圈。

14. ［初级］起重作业中不能发生钢丝绳扭转、打结等现象。

【答案】正确

15. ［初级］钢丝绳的最小破断力除以大于1的一个系数，这个系数就叫安全系数。

【答案】正确

16. ［初级］钢丝绳在卷扬机上使用时要注意选择捻向与卷筒卷绕方向相反的钢丝绳。

【答案】错误

【解析】钢丝绳在卷扬机上使用时要注意选择捻向与卷筒卷绕方向一致的钢丝绳。

17. ［初级］机械通风，就是依靠室内外空气所产生的热压和风压作用而进行的通风。

【答案】错误

【解析】所谓机械通风，就是依靠风机作用而进行的通风。

18. ［初级］为保持室内的空气环境符合卫生标准的需要，直接把新鲜的空气补充进行，这一排风、送风的过程就是通风过程。

【答案】错误

【解析】为保持室内的空气环境符合卫生标准的需要，把建筑物室内污浊的空气直接或净化后排至室外，再把新鲜的空气补充进行，这一排风、送风的过程就是通风过程。

19. ［初级］根据空气流动的动力不同，通风方式可分为人工通风和机械通风两种。

【答案】错误

【解析】根据空气流动的动力不同，通风方式可分为自然通风和机械通风两种。

20. ［初级］空调系统由冷热源系统、空气处理系统、自动控制系统等三个子系统组成。

【答案】错误

【解析】空调系统由冷热源系统、空气处理系统、能量输送分配系统和自动控制系统等四个子系统组成。

21. ［中级］直流式系统，卫生条件好，能耗大，经济性差，用于有害气体产生的车间、实验室等。

【答案】正确

22. ［初级］闭式系统卫生条件好，能耗大，经济性差，用于有害气体产生的车间、实验室等。

【答案】错误

【解析】闭式系统能耗小，卫生条件差，需要对空气中氧气再生和备有二氧化碳吸收装置。

23. ［初级］集中式单风管空调系统中设有两组送风管或两组空调器。

【答案】错误

【解析】集中式单风管空调系统只设置一根风管，处理后的空气通过风管送入末端装置，其送风量可单独调节，而送风温度则取决于空调器。

24. ［初级］通风与空调工程中，其预留孔大多在建筑施工图上，且数量较多。

【答案】正确

【解析】除预埋件和预留孔洞外，由于通风与空调工程风管尺寸较大，其预留孔大多在建筑施工图上，且数量较多，有的工程还要水泥风管（风道），所以要对由土建施工单位的相关作业的结果进行位置和尺寸的复核。

25. ［初级］钢板厚度小于或等于 1.2mm 采用咬接，大于 1.2mm 采用焊接。

【答案】正确

26. ［初级］除尘系统的风管，宜采用内侧间断焊、外侧满焊形式。

【答案】错误

【解析】除尘系统的风管，宜采用内侧满焊、外侧间断焊形式。

27. [初级] 不锈钢风管与法兰铆接可采用与风管材质不同的材料。

【答案】错误

【解析】不锈钢风管与法兰铆接应采用与风管材质相同或不产生电化学腐蚀的材料。

28. [初级] 风管与法兰焊接时，风管端面不得高于法兰接口平面，风管端面距法兰接口平面不应小于5mm。

【答案】正确

29. [初级] 中压和高压系统风管的管段，其长度大于1250mm时，还应有加固或补强措施。

【答案】正确

30. [初级] 对表面刮痕或凹陷通过表面修平或用玻璃胶封堵。

【答案】错误

【解析】对表面刮痕或凹陷通过表面修平或重新粘贴新的铝箔胶带修复。

31. [初级] 复合风管板材的复合层应粘接牢固，内部绝缘层材料不得裸露在外。

【答案】正确

32. [初级] 复合风管板材外边面分层、塌凹等缺陷不得大于10%。

【答案】错误

【解析】复合风管板材外边面分层、塌凹等缺陷不得大于6%。

33. [初级] 为提高板材的利用率及现场施工中接缝用单块板材制作风管单面时，可将板材切成60°角，而后进行粘接。

【答案】错误

【解析】为提高板材的利用率及现场施工中接缝用单块板材制作风管单面时，可将板材切成 45°角，而后进行粘接。

34. ［初级］风管内可以允许电线导管穿越。

【答案】错误

【解析】风管内严禁其他管线穿越。

35. ［初级］输送含有易燃、易爆气体或安装在易燃、易爆环境的风管系统应有良好的接地。

【答案】正确

【解析】输送含有易燃、易爆气体或安装在易燃、易爆环境的风管系统应有良好的接地，通过生活区或其他辅助生产房间时必须严密，并不得设置接口。

36. ［初级］输送空气温度高于 60℃的风管，应按设计规定采取防护措施。

【答案】错误

【解析】输送空气温度高于 80℃的风管，应按设计规定采取防护措施。

37. ［初级］静电空气过滤器金属外壳须距离地面 1.2m。

【答案】错误

【解析】静电空气过滤器金属外壳接地良好。

38. ［初级］项目经理是职业健康安全环境风险管理组的第一责任人。

【答案】正确

【解析】项目经理是职业健康安全环境风险管理组的第一责任人，负有建立管理体系、提出目标或确定目标、建立完善体系文件责任、并在实施中进行持续改进。

二、单选题

1. ［高级］高空作业要从(　　)入手加强安全管理。

A. 作业人员的身体健康状况和配备必要的防护设施

B. 完备的操作使用规范

C. 需持证上岗的人员

D. 上岗方案的审定

【答案】A

【解析】高空作业要从作业人员的身体健康状况和配备必要的防护设施两方面入手加强安全管理。

2. ［高级］施工作业的安全管理重点不包括(　　)。

A. 带电调试作业

B. 管道、设备的试压、冲洗、消毒作业

C. 单机试运转

D. 双机联动试运转

【答案】D

【解析】施工作业的安全管理重点：高空作业；施工机械机具操作；起重吊装作业；动火作业；在容器内作业；带电调试作业；无损探伤作业；管道、设备的试压、冲洗、消毒作业；单机试运转和联动试运转。

3. ［中级］文明施工要求，现场道路设置：消防通道形成环形，宽度不小于(　　)m。

A. 3.9　　B. 3　　C. 2.9　　D. 3.5

【答案】D

【解析】文明施工要求，现场道路设置：场区道路设置人行通道，且有标识；消防通道形成环形，宽度不小于3.5m；临街处设立围挡；所有临时楼梯有扶手和安全护栏；所有设备吊装区设立警戒线，且标识清晰。

4. ［中级］风机试运转时，主轴承温升稳定后，连续试运转不少于(　　)h，停机后应检查管道密封性和叶顶间隙。

A. 3　　B. 6　　C. 12　　D. 24

【答案】B

【解析】主轴承温升稳定后，连续试运转不少于6h，停机后应检查管道密封性和叶顶间隙。

5. ［中级］文明施工要求，材料管理不包括(　　)。

A. 库房内材料要分类码放整齐，限宽限高，上架入箱，标识齐全

B. 易燃易爆及有毒有害物品仓库按规定距离单独设立，且远离生活区和施工区，有专人保护

C. 配有消防器材

D. 库房应高大宽敞

【答案】D

【解析】文明施工要求，材料管理：库房内材料要分类码放整齐，限宽限高，上架入箱，标识齐全；库房应保持干燥清洁、通风良好；易燃易爆及有毒有害物品仓库按规定距离单独设立，且远离生活区和施工区，有专人保护；材料堆场场地平整，尽可能作硬化处理，排水通畅，堆场清洁卫生，方便车辆运输；配有消防器材。

6. ［中级］文明施工要求，施工机具管理不包括（　　）。

A. 手动施工机具和较大的施工机械出库前保养完好并分类整齐排放在室内

B. 机动车辆应停放在规划的停车场内，不应挤占施工通道

C. 手动施工机具和较大的施工机械要有新品作为预防措施

D. 所有施工机械要按规定定期维护保养，保持性能处于完好状态，且外观整洁

【答案】C

【解析】文明施工要求，施工机具管理：手动施工机具和较大的施工机械出库前保养完好并分类整齐排放在室内；机动车辆应停放在规划的停车场内，不应挤占施工通道；所有施工机械要按规定定期维护保养，保持性能处于完好状态，且外观整洁。

7. ［中级］文明施工要求，场容管理不包括（　　）。

A. 建立施工保护措施

B. 建立文明施工责任制，划分区域，明确管理负责人

C. 施工地点和周围清洁整齐，做到随时处理、工完场清

D. 施工现场不随意堆垃圾，要按规划地点分类堆放，定期

处理，并按规定分类清理

【答案】A

【解析】文明施工要求，场容管理：建立文明施工责任制，划分区域，明确管理负责人；施工地点和周围清洁整齐，做到随时处理、工完场清；严格执行成品保护措施；施工现场不随意堆垃圾，要按规划地点分类堆放，定期清理，并按规定分类处理。

8. ［中级］汽车式起重机负重工作时，吊臂的左右旋转角度都不能超过(　　)，回转速度要缓慢。

A. 50°　　B. 60°　　C. 40°　　D. 45°

【答案】D

【解析】汽车式起重机负重工作时，吊臂的左右旋转角度都不能超过 45°，回转速度要缓慢。

9. ［中级］雨雪天作业，起重机制动器容易失灵，故吊钩起落要缓慢。如遇(　　)级以上大风应停止吊装作业。

A. 六　　B. 七　　C. 八　　D. 五

【答案】A

【解析】雨雪天作业，起重机制动器容易失灵，故吊钩起落要缓慢。如遇六级以上大风应停止吊装作业。

10. ［中级］履带式起重机满负荷起吊时，应先将重物吊离地面(　　)mm 左右，对设备作一次全面检查，确认安全可靠后，方可起吊。

A. 500　　B. 800　　C. 400　　D. 200

【答案】D

【解析】履带式起重机满负荷起吊时，应先将重物吊离地面 200mm 左右，对设备作一次全面检查，确认安全可靠后，方可起吊。

11. ［中级］履带式起重机在起吊中需作短距离行走时，其吊物荷载不得超过起重机允许最大负荷的(　　)，且所吊重物要在行车的正前方，并应系好溜绳，重物离地面不超过(　　)mm，缓慢地行驶。

A. 80%，500　　　　B. 80%，200

C. 70%，500　　　　D. 70%，200

【答案】D

【解析】履带式起重机使用的注意说明：在满负荷起吊时，起重机不得行走。如在起吊中需作短距离行走时，其吊物荷载不得超过起重机允许最大负荷的 70%，且所吊重物要在行车的正前方，并应系好溜绳，重物离地面不超过 200mm，缓慢地行驶。

12. ［中级］手拉葫芦的起重能力一般不超过（　　）t，起重高度一般不超过（　　）m。

A. 15，6　　B. 10，7　　C. 15，7　　D. 10，6

【答案】D

【解析】手拉葫芦的起重能力一般不超过 10t，起重高度一般不超过 6m。

13. ［中级］手拉葫芦使用注意事项：发现吊钩磨损超过（　　）时，必须更换。

A. 15%　　B. 12%　　C. 9%　　D. 10%

【答案】D

【解析】手拉葫芦使用注意事项：发现吊钩磨损超过 10% 时，必须更换。

14. ［中级］（　　）应垂直安装在便于检修的位置，其排气管的出口应朝向安全地带，排液管应装在泄水管上。

A. 电磁阀　　　　B. 调节阀

C. 热力膨胀阀　　D. 安全阀

【答案】D

【解析】安全阀应垂直安装在便于检修的位置，其排气管的出口应朝向安全地带，排液管应装在泄水管上。

15. ［中级］电动卷扬机所用钢丝绳直径应与套筒直径相匹配，一般卷筒直径应为钢丝绳直径的（　　）倍

A. 15～25　　B. 15～20　　C. 16～25　　D. 16～20

【答案】C

【解析】电动卷扬机所用钢丝绳直径应与套筒直径相匹配，一般卷筒直径应为钢丝绳直径的16～25倍，还要做到钢丝绳捻向与卷筒卷绕方向一致。操作时，卷筒上的钢丝绳余留圈数不应少于3圈。

16. [中级] 操作时，电动卷扬机卷筒上的钢丝绳余留圈数不应少于(　　)圈。

A. 3　　B. 4　　C. 2　　D. 5

【答案】A

【解析】电动卷扬机所用钢丝绳直径应与套筒直径相匹配，一般卷筒直径应为钢丝绳直径的16～25倍，还要做到钢丝绳捻向与卷筒卷绕方向一致。操作时，卷筒上的钢丝绳余留圈数不应少于3圈。

17. [中级] 导向滑轮与卷筒保持适当距离，使钢丝绳在卷筒上缠绕时最大偏离角不超过(　　)

A. 3°　　B. 2°　　C. 4°　　D. 5°

【答案】B

【解析】导向滑轮与卷筒保持适当距离，使钢丝绳在卷筒上缠绕时最大偏离角不超过2°。

18. [中级] 电动卷扬机在使用时如发现卷筒壁减薄(　　)必须进行修理和更换。

A. 15%　　B. 10%　　C. 8%　　D. 12%

【答案】B

【解析】电动卷扬机在使用时如发现卷筒壁减薄10%、卷筒裂纹和变形、筒轴磨损、制动器制动力不足时，必须进行修理和更换。

19. [中级] 麻绳使用注意事项：如果与滑轮配合使用，滑轮直径应大于绳径(　　)倍。

A. 8～10　　B. 7～10　　C. 7～9　　D. 6～9

【答案】B

【解析】麻绳使用注意事项：如果与滑轮配合使用，滑轮直径应大于绳径 7～10 倍。

20. ［中级］不属于钢丝绳的强度级别（　　）MPa。

A. 1370　　B. 1470　　C. 1570　　D. 1770

【答案】A

【解析】钢丝绳的强度级别分为 1470MPa、1570MPa、1670MPa、1770MPa、1870MPa 五个级别。

21. ［初级］机械通风根据通风系统的作用范围不同，机械通风可划分为（　　）。

A. 局部通风和全面通风　　B. 自然通风和人工通风

C. 局部通风和自然通风　　D. 人工通风和全面通风

【答案】A

【解析】机械通风根据通风系统的作用范围不同，机械通风可划分为局部通风和全面通风。

22. ［中级］以下不属于空调系统的构成的是（　　）。

A. 空气处理系统　　B. 送风排风系统

C. 冷热源系统　　D. 能量输送分配系统

【答案】B

【解析】空调系统由冷热源系统、空气处理系统、能量输送分配系统和自动控制系统等四个子系统组成。

23. ［高级］辐射供冷、供热空调系统是利用（　　）作为空调系统的冷、热源。

A. 高温热水或低温冷水　　B. 高温热水或高温冷水

C. 低温热水或低温冷水　　D. 低温热水或高温冷水

【答案】D

【解析】辐射供冷、供热空调系统是利用低温热水或高温冷水作为空调系统的冷、热源。

24. ［中级］VRV 系统是以下（　　）系统的简称。

A. 集中式单风管空调系统　　B. 集中式双风管空调系统

C. 风机盘管式空调系统　　D. 可变冷媒流量空调系统

【答案】D

【解析】可变冷媒流量空调系统简称 VRV 系统，即通常指的制冷剂中央空调系统。

25. ［初级］圆形风管所注标高应表示(　　)。

A. 管中心标高　　B. 管底标高

C. 管顶标高　　D. 相对标高

【答案】A

【解析】圆形风管所注标高应表示管中心标高。

26. ［初级］室内采暖施工图中室内供暖系统字母代号为(　　)。

A. L　　B. R　　C. P　　D. N

【答案】D

【解析】室内采暖施工图中室内供暖系统字母代号为 N。

27. ［高级］防火软接采用硅橡胶涂覆玻纤布为软接材料，用高温线缝制而成，最高耐温可达(　　)℃。

A. 200　　B. 300　　C. 400　　D. 500

【答案】C

【解析】防火软接采用硅橡胶涂覆玻纤布为软接材料，用高温线缝制而成，最高耐温可达 400℃。

28. ［中级］复合材料风管的覆面材料必须为(　　)。

A. 不燃材料　　B. 难燃材料

C. 绝缘材料　　D. 塑性材料

【答案】A

【解析】复合材料风管的覆面材料必须为不燃材料，内部的绝热材料应为不燃或难燃 B1 级，且对人体无害的材料。

29. ［中级］风管的强度应能满足在(　　)工作压力下接缝处无开裂。

A. 1.0 倍　　B. 1.5 倍　　C. 2.0 倍　　D. 3.0 倍

【答案】B

【解析】风管的强度应能满足在 1.5 倍工作压力下接缝处无开裂。

30. ［初级］帆布柔性短管需要防潮时采取的措施是(　　)。

A. 涂刷油漆　　B. 涂刷防锈漆

C. 涂刷帆布漆　　D. 镀锌

【答案】C

【解析】柔性短管如需防潮，帆布柔性短管可刷帆布漆，不得刷油漆，防止失去弹性和伸缩性。

31. ［中级］支架的悬臂、吊架的横担采用(　　)制作。

A. 圆钢　　B. 圆钢和扁钢

C. 扁钢　　D. 角钢或槽钢

【答案】D

【解析】支架的悬臂、吊架的横担采用角钢或槽钢制作。

32. ［高级］当系统洁净度的等级为6～9级时，风管的法兰铆钉孔的间距不应大于(　　) mm。

A. 65　　B. 85　　C. 100　　D. 115

【答案】C

【解析】风管的法兰铆钉孔的间距，当系统洁净度的等级为1～5级时，不应大于65mm；为6～9级时，不应大于100mm。

33. ［中级］在风管穿过需要封闭的防火、防爆的墙体或楼板时，应(　　)。

A. 增加管壁厚度不应小于1.2mm

B. 设预埋管或防护套管

C. 采用耐热不燃的材料替换

D. 控制离地高度

【答案】B

【解析】在风管穿过需要封闭的防火、防爆的墙体或楼板时，应设预埋管或防护套管，其钢板厚度不应小于1.6mm。

34. ［初级］金属风管的连接应平直、不扭曲，明装风管水平安装，水平度总偏差不应大于(　　) mm。

A. 20　　B. 35　　C. 30　　D. 35

【答案】A

【解析】金属风管的连接应平直、不扭曲，明装风管水平安装。水平度的允许偏差为3/1000，总偏差不应大于20mm。

35. ［中级］防火分区隔墙两侧的防火阀距墙体表面不应大于(　　) mm。

A. 200　　B. 300　　C. 400　　D. 500mm

【答案】A

【解析】防火分区隔墙两侧的防火阀距墙体表面不应大于500mm。

36. ［中级］矩形风管立面与吊杆的间距不宜大于(　　)mm。

A. 100　　B. 150　　C. 200　　D. 250

【答案】B

【解析】矩形风管立面与吊杆的间距不宜大于150mm。见教材第八章第五节。

37. ［中级］保温风管不能直接与支、吊架托架接触，应垫上坚固的隔热材料，其厚度与保温层相同，防止产生(　　)。

A. 锈蚀　　B. 污染　　C. 热桥　　D. 冷桥

【答案】D

【解析】保温风管不能直接与支、吊架托架接触，应垫上坚固的隔热材料，其厚度与保温层相同，防止产生冷桥。

38. ［中级］风机传动装置外露部位及直通大气的进出口必须装设(　　)

A. 隔振器　　B. 防护罩　　C. 支架　　D. 金属套管

【答案】B

【解析】风机传动装置外露部位及直通大气的进出口必须装设防护罩（网）。

39. ［高级］高效过滤器采用机械密封时，须采用密封胶，其厚度为(　　)mm。

A. 4～6　　B. 6～8　　C. 8～10　　D. 10～12

【答案】B

【解析】高效过滤器采用机械密封时，须采用密封胶，其厚度为6～8mm，并定位贴在过滤器边框上，安装后塑料的压缩应均匀，压缩率为25%～50%。

40. ［中级］有两根以上的支管从干管引出时，连接部位应错开，间距不应小于2倍支管直径，且不小于（　　）mm。

A. 10　　B. 20　　C. 30　　D. 40

【答案】B

【解析】有两根以上的支管从干管引出时，连接部位应错开，间距不应小于2倍支管直径，且不小于20mm。

41. ［中级］制冷剂阀门安装前应进行严密性试验，严密性试验压力为阀门公称压力的1.1倍，持续时间（　　）s不漏为合格。

A. 15　　B. 20　　C. 25　　D. 30

【答案】D

【解析】制冷剂阀门安装前应进行严密性试验，严密性试验压力为阀门公称压力的1.1倍，持续时间30s不漏为合格。

42. ［中级］管道与设备的连接应在设备安装完毕后进行，与风管、制冷机组的连接须（　　）。

A. 采取刚性连接　　B. 采取柔性连接

C. 强行对口连接　　D. 置于套管内连接

【答案】B

【解析】管道与设备的连接应在设备安装完毕后进行，与风管、制冷机组的连接必须柔性连接，并不得强行对口连接，与其连接的管道应设置独立支架。

43. ［中级］对阀门强度试验时，试验压力为公称压力的（　　）倍。

A. 1.0　　B. 1.5　　C. 2.0　　D. 2.5

【答案】B

【解析】对阀门强度试验时，试验压力为公称压力的1.5倍。

44. ［中级］对阀门强度试验时，试验压力为公称压力的

1.5倍，持续时间不少于（　　）min，阀门的壳体、填料应无渗漏。

A. 3　　B. 5　　C. 8　　D. 10

【答案】B

【解析】对阀门强度试验时，试验压力为公称压力的1.5倍，持续时间不少于5min，阀门的壳体、填料应无渗漏。

45. ［高级］系统平衡调整后，各空调机组的水流量应符合设计要求，允许偏差为（　　）。

A. 10％　　B. 15％　　C. 20％　　D. 25％

【答案】C

【解析】系统平衡调整后，各空调机组的水流量应符合设计要求，允许偏差为20％。

46. ［高级］相邻不同级别洁净室之间和非洁净室之间的静压差不应小于（　　）Pa。

A. 3　　B. 5　　C. 8　　D. 10

【答案】D

【解析】相邻不同级别洁净室之间和非洁净室之间的静压差不应小于5Pa，洁净室与室外的静压差不应小于10Pa。

47. ［中级］风机压出端的测定面要选在（　　）。

A. 通风机出口而气流比较稳定的直管段上

B. 尽可能靠近入口处

C. 尽可能靠近通风机出口

D. 干管的弯管上

【答案】A

【解析】风机压出端的测定面要选在通风机出口而气流比较稳定的直管段上；风机吸入端的测定仅可能靠近入口处。

48. ［中级］风机吸入端的测定面要选在（　　）。

A. 通风机出口而气流比较稳定的直管段上

B. 仅可能靠近入口处

C. 仅可能靠近通风机出口

D. 干管的弯管上

【答案】B

【解析】风机压出端的测定面要选在通风机出口而气流比较稳定的直管段上；风机吸入端的测定仅可能靠近入口处。

49. ［中级］风口风量调整的方法有基准风口法、流量等比分配法和(　　)。

A. 等面积分配法　　B. 风量等比分配法

C. 流量等量法　　D. 逐项分支调整法

【答案】D

【解析】风口风量调整的方法有基准风口法、流量等比分配法、逐项分支调整法等。

50. ［中级］(　　)是可变冷媒流量空调 VRV 系统的关键部分。

A. 风冷式冷凝器和压缩机　　B. 室外机

C. 室内机　　D. 冷媒管路

【答案】A

【解析】VRV 系统的关键部分主要由风冷式冷凝器和压缩机组成。根据系统负荷的变化，变频控制器调节压缩机的转速，改变系统内冷媒的流量使系统制冷量和用户负荷匹配。

51. ［初级］空调设备的布置以机械制图法则用(　　)进行绘制，但仅为外形轮廓的尺寸。

A. 斜视图　　B. 轴测图

C. 三视图　　D. 剖面图

【答案】C

【解析】空调设备的布置以机械制图法则用三视图进行绘制，但仅为外形轮廓的尺寸。

52. ［高级］下面关于风管尺寸标注的叙述，错误的是(　　)。

A. 圆形风管尺寸以外径 ϕ 标注，单位为 mm

B. 风管尺寸标注时，一般要注明壁厚

C. 矩形风管尺寸以 $A \times B$ 表示，A 应为该视图投影面的边长尺寸，B 应为另一边的边长尺寸

D. 矩形风管尺寸的标注单位是 mm

【答案】B

【解析】规格尺寸：1）圆形风管尺寸以外径 ϕ 标注，单位为 mm，一般不注明壁厚，壁厚在图纸上或材料表中用文字说明。2）矩形风管尺寸以 $A \times B$ 表示，A 应为该视图投影面的边长尺寸，B 应为另一边的边长尺寸，A 与 B 的单位均为 mm，同样不标注壁厚尺寸。

53. [中级] 以下选项不属于工业工程常用垫料的是(　　)。

A. 橡胶板　　B. 石棉橡胶板

C. 石棉板　　D. 软聚氯乙烯板

【答案】A

【解析】垫料：常用的垫料有用于民用工程的橡胶板、闭孔海绵橡胶板等，用于工业工程的石棉橡胶板、石棉板、软聚氯乙烯板等。

54. [高级] 中压圆形金属风管的允许漏风量，应为矩形风管规定值的(　　)。

A. 30%　　B. 40%　　C. 50%　　D. 100%

【答案】C

【解析】低压、中压圆形金属风管、复合材料风管以及采用非法兰形式的金属风管的允许漏风量，应为矩形风管规定值的 50%。

55. [初级] 风管法兰连接时，其连接应牢固，法兰管口平面度的允许偏差为(　　)mm。

A. 1　　B. 2　　C. 3　　D. 4

【答案】B

【解析】风管法兰连接时，其连接应牢固，法兰管口平面度的允许偏差为 2mm。

56. [高级] 消声弯头的平面边长大于(　　)mm 时，应加

吸声导流片。

A. 200　　B. 400　　C. 800　　D. 1000

【答案】C

【解析】消声弯头的平面边长大于800mm时，应加吸声导流片；消声器直接迎风面的布质覆面层应有保护措施。

57. ［中级］在风管穿过需要防火的楼板时，需要用钢管，并且钢板厚度不应小于(　　)mm

A. 1.6　　B. 2.0　　C. 2.5　　D. 3.0

【答案】A

【解析】在风管穿过需要封闭的防火、防爆的墙体或楼板时，应设预埋管或防护套管，其钢板厚度不应小于1.6mm。风管与防护套管之间，应用不燃且对人体无危害的柔性材料封堵。

58. ［高级］水平悬吊的主、干管风管长度超过20m的系统，应设置不少于(　　)个防止风管摆动的固定支架。

A. 1　　B. 2　　C. 3　　D. 4

【答案】A

【解析】水平悬吊的主、干管风管长度超过20m的系统，应设置不少于1个防止风管摆动的固定支架。

三、多选题

1. ［高级］通风与空调工程施工质量验收的要求，参与单位工程验收时应提供的资料有(　　)。

A. 通风与空调工程的工程质量控制资料

B. 通风与空调工程的工程安全和功能检验资料及主要功能抽查记录

C. 通风与空调工程的工程观感质量检查记录

D. 通风与空调工程的工程方案实施过程

E. 通风与空调工程的工程技术检测

【答案】ABC

【解析】通风与空调工程施工质量验收的要求，参与单位工程验收时应提供的资料：通风与空调工程的工程质量控制资料；

通风与空调工程的工程安全和功能检验资料及主要功能抽查记录；通风与空调工程的工程观感质量检查记录。

2. [高级] 单机试运转和联动试运转要从(　　)等方面入手加强安全管理。

A. 完善施工方案　　B. 完善试运转方案

C. 做到明确分工　　D. 有应急预案

E. 加强施工管理

【答案】BCD

【解析】单机试运转和联动试运转要从完善试运转方案、做到明确分工、有应急预案等方面入手加强安全管理。

3. [中级] 施工作业的安全管理重点包括(　　)。

A. 高空作业　　B. 施工机械机具操作

C. 起重吊装作业　　D. 在容器内作业

E. 无损探伤作业

【答案】ABCDE

【解析】施工作业的安全管理重点：高空作业；施工机械机具操作；起重吊装作业；动火作业；在容器内作业；带电调试作业；无损探伤作业；管道、设备的试压、冲洗、消毒作业；

4. [高级] 施工机械机具操作要(　　)入手加强安全管理。

A. 上岗方案的审定

B. 完备的操作使用规范

C. 需持证上岗的人员

D. 保持机械、机具的完好状态

E. 安全措施

【答案】BCD

【解析】施工机械机具操作要保持机械、机具的完好状态，完备的操作使用规范，需持证上岗的人员三方面入手加强安全管理。

5. [高级] 起重吊装作业要(　　)入手加强管理。

A. 起重吊装机械及索具的合格判定

B. 完备的操作使用规范

C. 施工方案的审定

D. 特种作业人员持证上岗

E. 需持证上岗的人员

【答案】ACD

【解析】起重吊装作业要起重吊装机械及索具的合格判定、施工方案的审定和特种作业人员持证上岗入手加强管理。

6. [中级] 文明施工要求，现场道路设置(　　)。

A. 所有设备吊装区设立警戒线，且标识清晰

B. 临街处设立围挡

C. 场区道路设置及时救治器具

D. 场区道路设置人行通道

E. 所有临时楼梯有扶手和安全护栏

【答案】ABDE

【解析】文明施工要求，现场道路设置：场区道路设置人行通道，且有标识；消防通道形成环形，宽度不小于 3.5m；临街处设立围挡；所有临时楼梯有扶手和安全护栏；所有设备吊装区设立警戒线，且标识清晰。

7. [中级] 文明施工要求，材料管理(　　)。

A. 库房内材料要分类码放整齐，限宽限高，上架入箱，标识齐全

B. 易燃易爆及有毒有害物品仓库按规定距离单独设立，且远离生活区和施工区，有专人保护

C. 库房应保持干燥清洁、通风良好

D. 库房应高大宽敞

E. 材料堆场场地平整，尽可能做硬化处理，排水通畅，堆场清洁卫生，方便车辆运输

【答案】ABCE

【解析】文明施工要求，材料管理：库房内材料要分类码放整齐，限宽限高，上架入箱，标识齐全；库房应保持干燥清洁、

通风良好；易燃易爆及有毒有害物品仓库按规定距离单独设立，且远离生活区和施工区，有专人保护；材料堆场场地平整，尽可能做硬化处理，排水通畅，堆场清洁卫生，方便车辆运输；配有消防器材。

8. ［中级］文明施工要求，施工机具管理（　　）。

A. 手动施工机具和较大的施工机械出库前保养完好并分类整齐排放在室内

B. 机动车辆应停放在规划的停车场内，不应挤占施工通道

C. 手动施工机具和较大的施工机械要有新品作为预防措施

D. 所有施工机械要按规定定期更换新品

E. 所有施工机械要按规定定期维护保养，保持性能处于完好状态，且外观整洁

【答案】ABE

【解析】文明施工要求，施工机具管理：手动施工机具和较大的施工机械出库前保养完好并分类整齐排放在室内；机动车辆应停放在规划的停车场内，不应挤占施工通道；所有施工机械要按规定定期维护保养，保持性能处于完好状态，且外观整洁。

9. ［中级］通风空调系统在调试前应对哪些仪表进行校核（　　）。

A. 测量温度的仪表

B. 测量相对湿度的仪表

C. 测量风速的仪表

D. 测量风压的仪表

E. 测量室内含尘浓度的仪表

【答案】ABCDE

【解析】通风空调系统在调试前应对所有仪表进行校核，其精度级别应高于被测对象的级别。常用的测量仪表：测量温度的仪表、测量相对湿度的仪表、测量风速的仪表、测量风压的仪表、测量室内含尘浓度的仪表、其他仪表。

10. ［中级］电动卷扬机的固定法一般有（　　）。

A. 固定基础法　　B. 平衡重法

C. 地锚法　　D. 金属固定法

E. 埋地法

【答案】ABC

【解析】电动卷扬机的固定法一般有平衡重法；固定基础法；地锚法。

11. ［中级］电动卷扬机在使用时如发现(　　)，必须进行修理和更换。

A. 发现卷筒壁减薄8%

B. 筒轴磨损

C. 卷筒裂纹和变形

D. 制动器制动力不足时

E. 发现卷筒壁减薄10%

【答案】BCDE

【解析】电动卷扬机在使用时如发现卷筒壁减薄10%、卷筒裂纹和变形、筒轴磨损、制动器制动力不足时，必须进行修理和更换。

12. ［中级］钢丝绳按捻法分为(　　)。

A. 右交互捻　　B. 左交互捻

C. 左同互捻　　D. 右同互捻

E. 左中互捻

【答案】ABCD

【解析】钢丝绳按捻法分为右交互捻、左交互捻、右同互捻和左同互捻四种。

13. ［中级］钢丝绳按绳芯不同分为(　　)。

A. 纤维芯　　B. 钢芯

C. 铁芯　　D. 混合芯

E. 铝芯

【答案】AB

【解析】钢丝绳按绳芯不同分为纤维芯和钢芯。

14. ［中级］通风与空调工程一般包括(　　)。

A. 通风机房

B. 制热和制冷设备

C. 送风排风的风管系统

D. 传递冷媒的管道系统

E. 传递热媒的管道系统

【答案】ABCDE

【解析】通风与空调工程的具体内容要视工程设计和工程规模大小而定，一般包括各种通风机房、制热和制冷设备、送风排风的风管系统，传递冷媒热媒的管道系统等。

15. ［初级］根据空气流动的动力不同，通风方式可分为(　　)。

A. 自然通风

B. 人工通风

C. 机械通风

D. 局部通风

E. 全面通风

【答案】AC

【解析】根据空气流动的动力不同，通风方式可分为自然通风和机械通风两种。

16. ［高级］空气调节系统按照空气处理方式分类包括(　　)。

A. 集中式空调

B. 直流式空调

C. 闭式空调

D. 半集中式空调

E. 局部式空调

【答案】ADE

【解析】空气调节系统按照空气处理方式分类包括：集中式(中央)空调、半集中式空调、局部式空调。

17. ［中级］泵试运转前应做的检查是(　　)。

A. 各处螺栓紧固情况

B. 加油润滑情况

C. 电机转向复合泵的转向要求

D. 供电、仪表达到要求

E. 用手盘动水泵灵活、无卡阻

【答案】ABCDE

【解析】泵试运转前应做如下检查：各处螺栓紧固情况；加油润滑情况；电机转向复合泵的转向要求；供电、仪表达到要求；用手盘动水泵灵活、无卡阻。

18. ［初级］目前空调通风管道的材料分类主要有（　　）。

A. 金属风管　　B. 非金属风管

C. 复合风管　　D. 玻璃钢风管

E. 玻镁复合风管

【答案】ABC

【解析】目前主要有几大分类：金属风管、非金属风管、复合风管。

19. ［高级］不锈钢板风管材料的一般特性包括（　　）。

A. 表面美观及使用性能多样化

B. 耐腐蚀性好，比普通钢长久耐用

C. 强度高，因而薄板使用的可能性大

D. 耐高温氧化及强度高，因此能够抗火灾

E. 常温加工，即容易塑性加工

【答案】ABCDE

【解析】一般特性：表面美观及使用性能多样化；耐腐蚀性好，比普通钢长久耐用；强度高，因而薄板使用的可能性大；耐高温氧化及强度高，因此能够抗火灾；常温加工，即容易塑性加工；因为不必表面处理，所以简便、维护简单；清洁，光洁度高；焊接性能好。

20. ［高级］金属风管的连接包括（　　）。

A. 板材间的咬口连接、焊接

B. 法兰与风管的铆接

C. 法兰加固圈与风管的连接

D. 压弯成型

E. 拼缝粘接

【答案】ABC

【解析】金属风管连接包括板材间的咬口连接、焊接；法兰与风管的铆接；法兰加固圈与风管的连接。

21. [高级] 通风空调工程中使用的焊接方法有（　　）。

A. 电焊　　B. 氩弧焊

C. 电渣压力焊　　D. 气焊

E. 锡焊

【答案】ABDE

【解析】通风空调工程中使用的焊接方法有电焊、氩弧焊、气焊和锡焊。

22. [高级] 以下哪些风管需要采取加固措施（　　）。

A. 矩形风管边长小于 630mm

B. 保温风管边长大于 800mm

C. 管段长度大于 1250mm

D. 低压风管单边面积小于 $1.2m^2$

E. 高压风管单边面积大于 $1.0m^2$

【答案】BCE

【解析】矩形风管边长大于 630mm、保温风管边长大于 800mm，其管段长度大于 1250mm，或低压风管单边面积大于 $1.2m^2$，中、高压风管单边面积大于 $1.0m^2$，均应采取加固措施。

23. [高级] 风管连接用法兰垫料的要求是（　　）。

A. 不产尘

B. 不易老化

C. 具有一定的强度的材料

D. 具有一定的弹性的材料

E. 厚度为 5～8mm

【答案】ABCDE

【解析】法兰垫料应为不产尘、不易老化和具有一定强度和弹性的材料，厚度为5～8mm，不得采用乳胶海绵。

24. ［高级］制冷管道系统须进行的试验（　　）。

A. 强度试验　　B. 噪声试验

C. 真空试验　　D. 气密性试验

E. 静压试验

【答案】ACD

【解析】制冷管道系统进行强度、气密性试验及真空试验，且必须合格。

四、案例题

1. A公司承建某银行大楼的机电安装工程，其中通风空调机组的多台室外机安装在屋顶上。A公司项目部，根据规范要求编制了专项施工方案和作业指导书，加强了过程控制，落实检验制度，做到事前、事中、事后三个阶段的控制。请对照《通风与空调工程施工质量验收规范》GB50243—2016的规定，做出正确分析。

（1）判断题

1）［初级］复合材料风管的覆面材料必须为不燃材料，内部的绝热材料应为不燃或难燃B1级，且对人体无害的材料。（√）

2）［初级］风口不应直接安装在主风管上，风口与主风管间不应通过短管连接。（×）

（2）单选题

1）［初级］通风与空调工程施工质量的保修期限，自竣工验收合格日起计算为（B）个采暖期、供冷期。

A. 1　　B. 2　　C. 3　　D. 4

2）［高级］高效空气过滤器应在洁净室的建筑装饰装修和配管工程施工已完成并验收合格，净化空调系统已进行擦净和连续试运转（D）h以上才能安装。

A. 6　　B. 8　　C. 10　　D. 12

（3）多选题

［中级］对于风管制作质量的验收，应按其材料、系统类别

和使用场所的不同分别进行，主要包括（ABC）等项内容。

A. 材质　　　　B. 规格

C. 强度与严密性　　　　D. 型号

E. 纹路

2. ［背景资料］

A公司承建体育馆机电安装工程，其中通风与空调工程的镀锌钢板矩形风管由通风专业队自行制作。质量员参与了镀锌钢板的进场验收。在制作风管的工场，质量员查阅了施工图纸，发现矩形风管长边小于1000mm大于630mm规格的部分风管，作业队正要用0.6mm板厚的镀锌钢板下料，进行了纠正，避免了返工。请分析

（1）判断题

1）［中级］砖、混凝土风道的允许漏风量不应大于矩形低压系统风管规定值的1.5倍。（√）

2）［中级］洁净空调风管系统其中洁净度等级N5的按高压系统的风管制作要求。（√）

（2）单选题

1）［初级］风管系统按其系统的工作压力划分为三个类别，其中500＜P≤1500属于（B）。

A. 低压系统　　　　B. 中压系统

C. 高压系统　　　　D. 超高压系统

2）［初级］在风管的连接方式上，镀锌钢板及各类含有复合保护层的钢板，应采用咬口连接和（C）。

A. 焊接　　　　B. 承插连接

C. 铆接　　　　D. 法兰连接

（3）多选题

［高级］对风管制作质量的验收，应按其材料、系统类别和使用场所的不同分别进行，主要包括（ABCD）成品外观质量等项内容。

A. 风管的材质　　　　B. 风管的规格

C. 风管的强度　　D. 风管严密性

E. 风管实体性

3. ［背景资料］

A公司承建的某大楼防排烟通风工程，经试运转和调试检测，形成调试报告，经业主送有关机构审核，审核通过后可办理单位工程交工手续。审核中发现有些检测数据不符合规定，发回整改，要求重新调试检测，命题如下。

（1）判断题

1）［初级］低压系统风管的严密性检验应采用抽检，抽检率为5%，且不得少于1个系统。（√）

2）［初级］通风与空调系统安装完毕投入使用前，必须进行系统的试运行与调试，包括设备单机试运行与调试、系统无生产负荷下的联合试运行与调试。（√）

（2）单选题

1）［初级］防火阀安装在通风、空气调节系统的送、回风管道上，平时呈开启状态，火灾时当管道内烟气温度达到（C）℃时关闭，起隔绝阻火作用。

A. 50　　B. 60　　C. 70　　D. 80

2）［中级］电动、气动调节风阀应进行驱动装置的动作试验，试验结果应符合产品技术文件的要求，并应在（C）下工作正常。

A. 工作压力　　B. 设计压力

C. 最大设计工作压力　　D. 最小设计工作压力

（3）多选题

［高级］防排烟系统的联动关系是（AC）。

A. 正压送风系统：火灾报警器或手动报警器启动—正压送风口打开—正压送风机启动

B. 正压送风系统：正压送风口打开—火灾报警器或手动报警器启动—正压送风机启动

C. 排烟系统：防烟分区内火灾报警器或手动报警器启动报

警—排烟口打开—排烟风机启动

D. 排烟系统：排烟口打开—防烟分区内火灾报警器或手动报警器启动报警—排烟风机启动

E. 排烟系统：排烟风机启动—防烟分区内火灾报警器或手动报警器启动报警—排烟口打开

4. ［背景资料］

B公司中标承建某大型医院的机电安装工程。其中通风与空调工程工程量大，有多个系统，还有手术室等的洁净空调工程。空调系统为中央空调系统，风管是镀锌钢板制成的矩形风管。为了使工程质量能满足用户需要，B公司项目部质量员制订了风管制作质量控制文件。在召集作业队组进行质量交底后，进行如下几个问题的书面考核以鉴定交底效果。

（1）判断题

1）［初级］风管系统中防火阀的安装方向、位置应正确。防火分区隔墙两侧的防火阀，距墙表面不应大于200mm。（√）

2）［初级］竖井内的立管，每隔4层应设导向支架。（×）

（2）单选题

1）［中级］净化空调系统风管的洁净度等级不同，对风管的严密性要求亦不同。为了能保证其相对的质量，故对系统洁净等级为6～9级风管法兰铆钉的间距，规定为不应大于（D）mm。

A. 65　　B. 75　　C. 85　　D. 100

2）［高级］根据《压缩机、风机、泵安装工程施工及验收规范》GB 50275—2010的规定，风机的安装应检查其基础、消声装置和（C）并应符合工程设计的有关要求。

A. 叶轮机壳　　B. 电器线路

C. 防震装置　　D. 零部件

（3）多选题

［高级］金属风管的连接形式包括（ACDE）。

A. 板材间的咬口连接

B. 板材间的搭接

C. 法兰与风管的铆接

D. 法兰加固圈与风管的铆接

E. 法兰加固圈与风管的焊接连接

5. ［背景资料］

Z公司承建的星级宾馆机电安装工程有工程量较大的通风与空调工程，宾馆客房为风机盘管空调系统，空调水系统有设在裙房屋顶上的冷却塔，还有新风系统的空气处理室。项目部质量员为使空调设备的安装质量能满足业主要求，编制了质量交底文件向作业队组交底。鉴于冷水机组的安装由生产商负责并配合试运转，所以质量员未作质量文件的编写。由于质量员交底清楚务实，与设备生产商分工界面清晰，所以该星级宾馆的通风与空调工程试运转顺利，投入运行后正常。

（1）判断题

1）［中级］制冷剂阀门安装前应进行严密性试验，其试验压力为阀门公称压力的1.5倍，持续时间30s不漏为合格。（×）

2）［初级］安装在保温管道上的各类手动阀门，手柄均不得向下。（×）

（2）单选题

1）［中级］制冷系统吹扫排污应采用压力为（C）MPa的干燥压缩空气或氮气，以浅色布检查5min，无污物为合格。

A. 0.4　　B. 0.5　　C. 0.6　　D. 0.8

2）［初级］当水平悬吊的主、干风管长度超过15m时，应设置防止摆动的固定点，每个系统不应少于（A）个。

A. 1　　B. 2　　C. 3　　D. 4

（3）多选题

［高级］风机盘管机组的安装应符合下列（ABDE）规定。

A. 机组安装前宜进行单机三速试运转及水压检漏试验

B. 水压检漏试验的试验压力为系统工作压力的1.5倍，试验观察时间为2min，不渗漏为合格

C. 水压检漏试验的试验压力为系统工作压力的1.25倍，试

验观察时间为 2min，不渗漏为合格

D. 机组应设独立支、吊架，安装的位置、高度及坡度应正确、固定牢固

E. 机组与风管、回风箱或风口的连接，应严密、可靠

6. [背景资料]

Z 公司承建 H 市一星级酒店的机电安装工程，投标书中向总承包单位承诺按鲁班奖目标的质量等级进行施工。为此 Z 公司项目部在开工前对全体员工进行培训，目的是怎样消除施工中的质量通病（质量缺陷）。项目部质量员依据通风与空调工程中常见的质量缺陷作了分析，并提出了解决的办法。

（1）判断题

1）[初级] 垂直安装非金属风管，支架间距不应大于 3m。（√）

2）[初级] 法兰连接的管道，法兰面应与管道中心线垂直并同心。（√）

（2）单选题

1）[中级] 中压圆形金属风管的允许漏风量，应为矩形风管规定值的（C）。

A. 30%　　B. 40%　　C. 50%　　D. 60%

2）[中级] 制冷管道系统应做强度试验、气密性试验和（C）。

A. 通球试验　　B. 严密性试验

C. 真空试验　　D. 压力试验

（3）多选题

[高级] 通风与空调工程施工交工验收用的质量资料中，工程安全和功能检验资料核查及主要功能抽查记录包括（ABCD）。

A. 通风、空调系统试运行记录

B. 风量、温度测试记录

C. 洁净室洁净度测试记录

D. 制冷机组试运行调试记录

E. 温度测试记录

参考文献

[1] 中国住房和城乡建设部．建筑工程安装职业技能标准．北京：中国建筑工业出版社，2016.

[2] 中国住房和城乡建设部．通风与空调工程施工质量验收规范．北京：中国计划出版社，2016.

[3] 北京土木建筑学会．建筑工人实用技术便携手册．通风工[M]. 北京：中国计划出版社，2006.

[4] 钱大治．质量员通用与基础知识(设备方向). 北京：中国建筑工业出版社，2014.

[5] 建设部人事教育司组织编写．通风工[M]. 北京：中国建筑工业出版社，2003.

[6] 杨嗣信．建筑业重点推广新技术应用手册[M]. 北京：中国建筑工业出版社，2003.

[7] 北京土木建筑学会．建筑工程施工技术手册[M]. 武汉：华中科技大学出版社，2008.

[8] 北京土木建筑学会．安装工程施工技术手册[M]. 武汉：华中科技大学出版社，2008.

[9] 北京土木建筑学会．建筑施工安全技术手册[M]. 武汉：华中科技大学出版社，2008.

[10] 张学助，张朝晖．通风空调工长手册[M]. 北京：中国建筑工业出版社，1998.

[11] 钱大治．施工员通用与基础知识(设备方向). 北京：中国建筑工业出版社，2014.

[12] 曹丽娟．安装工人常用机具使用维修手册[M]. 北京：机械工业出版社，2008.

[13] 翟义勇．实用通风空调工程安装技术手册[M]. 北京：中国电力出

版社，2006.
[14] 钱大治．施工员岗位知识与专业技能(设备方向)．北京：中国建筑工业出版社，2014.
[15] 钱大治．质量员岗位知识与专业技能(设备方向)．北京：中国建筑工业出版社，2014.